Susanne Kerl

Der Hovawart

Müller Rüschlikon

Einbandgestaltung: Kornelia Erlewein

Titelbilder: Susanne Kerl (groß), Jörg Siebert o. re. (Cover), Iris Doktor o., Susanne Kerl u. (Rückseite)

Bildnachweis:
Arndt: S. 46, 54 Mitte, S. 132 u. li., 140. **Breves:** S. 16 o., 28 o. re, 45 o. re., 47 u., 61 u. re., 137 o., 148. **Brinckmann:** S. 158 Mitte. **Doktor:** Vorspann alle, S. 3, 7 u. li., 10, 12 Mitte, 13 o., 14 re., 16 u., 18, 20 beide, 21 o. li., 25, 31 o., 42 o., 50 Mitte, 52 u., 59 o., 62 Mitte u., 63 u. li., 66/67, 68 groß, 74, 79 beide, 87 Mitte, 94 o., 105 o., 109 u., 110, 111 o., Mitte, 112 o. re., 120 o., 121 u., 122 o. li., 127, 131 o., 145, 161 o. re., u., 163 o., 170 beide. **Fromm:** S. 13 u., 26 u. li., 59 u., 82, 84, 105 u., 125 o. re, Mitte re., 131 u. **Graf:** S. 15. **Heine:** S. 113 alle. **Heinze:** S. 30 o. li. **Horisberger:** S. 8, 19 u., 36 o. re., 94 u., 115 u., 135 u., 157 Mitte, 159 o., u. re., 172. **Hühn:** S. 28 o. li., 28 u., 30 o. re., 33 o. li., 47 o., 52 o., 53 o., 70 u., 72, 75, 96 o., 120 u. **Kerl:** S. 4, 5, 6, 9 alle, 11, 16 Mitte, 17 beide, 21 o. re, 22 alle, 23 beide, 24, 26 o. re., 26 u. re., 27 alle, 29, 30 u., 31 u., 32 beide, 33 o. re., 34 beide, 35 beide, 37, 38, 39, 40 u. li., 41, 42 u., 43 beide, 44, 45 o. li., 45 u., 48 beide, 49 o., 50 o. li., o. re., 51 beide, 53 u., 54 o., 55, 56 groß, 57 beide, 58 beide, 60 beide, 61 o. re., Mitte re., u. li., 62 o. re., u. li., u. re., 63 o., Mitte re., Mitte u., 64 alle, 65, 68 o., 69 alle, 70 o., 71, 73 beide, 76 beide, 77, 78, 80 beide, 81, 83, 85, 86, 87 u., 88 beide, 89, 90, 91, 92/93, 95, 96 u., 99, 100, 101 o., 103, 104, 106, 107 u., 108 beide, 109 o., 111 u., 112 o. li., 114 beide, 116, 117, 118, 119, 121 o., 122 u. re, 123, 124, 125 u. li., u. re., 126, 129 beide, 130, 133 beide, 134 o. re., u., 135 o., 136 o. li., u., 141 beide, 142 beide, 143, 144, 146 beide, 147, 149 beide, 150 u., 151 beide, 152, 153, 154 u., 155, 156, 157 u. li., 158 u., 159 Mitte li., Mitte re., u. li., 160, 161 o. li., 162, 163 u., 164, 165, 167 beide, 168, 169, 171 beide, 173 alle, 175. **Kramer:** S. 17 u., 61 Mitte li., 154 o., 157 u. re. **Krüger:** S. 49 u., 128, 154 o. **Köhnen:** S. 12 o. re, 40 o. re. **Langsdorf:** S. 125 o. li. **Lessmann:** S. 12 o. li. **Rotter:** S. 97, 98, 158 o. **Siebert:** S. 7 u. re, 14 li., 19 o., 26 o. li, 36 o. li., 56 o. re., 87 o., 107 o., 115 o., 122 u. li., 132 o. re., 136 o. re., 139, 150 o. **Zierott-Simon:** S. 101 u., 102, 134 o. li., 137 u., 138, 157 o.

Eine frühere Auflage dieses Buches ist unter der ISBN 978-3-275-01801-7 erschienen.

ISBN 978-3-275-02035-5

Postfach 103743, 70032 Stuttgart
Ein Unternehmen der Paul Pietsch Verlage GmbH & Co. KG

3. Auflage 2022

Sie finden uns im Internet unter www.mueller-rueschlikon-verlag.de

Lektorat: Claudia König
Innengestaltung: Kornelia Erlewein
Druck und Bindung: Graspo CZ, 76302 Zlin
Printed in Czech Republic

Inhalt

Ein Wort vorab **4**

I. Ein Hova- was? **7**

Neue Rasse, alter Name 8
Ein Hovawart soll es sein 18

II. Welpenzauber **25**
Ihr Welpe zieht um 28
Integration in die Familie 31
Fütterung und Gesundheit 38
Wichtige Alltagserfahrungen 44
Erlaubter Liegekomfort 44
Die Wesensentwicklung 50
Die Grunderziehung 57
Den Wildfang bändigen 65

III. Das Flegelalter **75**
Fütterung und Gesundheit 77
Die Hormone regen sich 82
Der labile Teenager 86
Weichen stellen im Hundesport 110
Ausbildung für humanitäre Zwecke 115
Beschäftigung im Alltag 118
Einstieg ins Zucht- und Schauwesen 123

IV. Die goldenen Jahre **127**
Der junge Erwachsene 128
Fütterung und Gesundheit 132
Karriere auf dem Höhepunkt 140
Der Deckrüde 145
Die Zuchthündin 147

V. Der Lebensabend **153**
Fütterung und Gesundheit 156
Der weise Hovawart 161
Der Abschied naht 164
Rassestandard Hovawart 170
Adressen 174
Danke 175

Ein Wort vorab

Seit 1983 begleiten mich Hovawarte durchs Leben. Als Züchterin zog ich sechs Würfe unter dem Zwingernamen »vom Luchshohl« im Hovawart-Club (VDH) auf. In all den Jahren beriet ich unzählige Hovawartbesitzer und solche, die es werden wollten. Die beiden Hündinnen meiner Eltern inklusive, ist die blonde Ida vom Schnutetunker, geboren am 24. Juli 2021, das zehnte Exemplar dieser Rasse in meiner Familie. Auf dem Foto sehen Sie unsere früheren Hündinnen Alma zum Quadrat (schwarzmarken) und Atlanta vom Klausbachtal (blond).

Was macht diese Rasse so faszinierend? Ein Hovawart gibt Ihnen das Gefühl, das Wichtigste auf der Welt zu sein. Doch das gefühlvolle, intelligente Energiebündel ist nicht mit links zu erziehen, denn es hat seinen eigenen Kopf. Wenn Sie ein guter Teamchef sind, wird aus dem Wildfang mit der Zeit ein wundervoller Gefährte. Oder wie die Besitzerin eines blonden Rüden dessen rassetypischen Hauch von Genialität beschrieb: »Mein Hovawart kann alles – außer Hochdeutsch!«

Liebäugeln Sie mit der Anschaffung, können Sie nach der Lektüre beurteilen, ob so ein Hochbegabter der ideale Partner für Sie wäre. Zieht bald ein Welpe ein, wissen Sie nach dem Lesen, welche Abenteuer auf Sie zukommen. Sind Sie schon Hovawarthalter, denken Sie sicher an einigen Stellen dieses Buches: `So ist meiner auch!´ Ich wünsche Ihnen ganz viel Freude mit Ihrem (künftigen) Hofwächter und mit diesem Buch.

Herzlichst, Ihre

Für Asla und alle Hovawarte, die ihr folgten.

I. Ein Hova- was?

In diesem Kapitel

Neue Rasse, alter Name
Ein Hovawart soll es sein

Der schöne Unbekannte

Nein, der Schwarzmarkene ist kein Rottweiler- oder Berner Sennenhund-Mischling, der Schwarze kein Neufundländer oder Flat Coated Retriever und der Blonde kein Golden Retriever. »Ein Hova-was?« Diese Frage hören Hovawartbesitzer oft. Mancher spricht den Rassenamen sogar englisch aus. Beschreiben lassen sich Hovawarte schnell: Sie sind langhaarig, mittelgroß und haben Hängeohren (Behänge). Rüden werden zwischen 63 und 70 cm, Hündinnen 58 bis 65 cm groß. Zugelassene FCI-Farben sind schwarzmarken (etwa 60 Prozent), blond (rund 30 Prozent) und schwarz (ungefähr 10 Prozent aller Hovawarte).

Ihre Ahnen waren geschätzte Bauernhunde: wachsam, zuverlässig, anhänglich und loyal.

»Hovawart« bedeutet »Wächter der Habe« oder »des Hofes«. Viele seiner Vorfahren bewachten einst Höfe im Mittelgebirge.

Neue Rasse, alter Name

Sein mittelhochdeutscher Name bedeutet »Hofwächter« oder »Wächter der Habe«. Zwei Hundeschläge herrschten im Deutschland des 11. Jahrhunderts vor: die schlanken und die derben Vierbeiner. Letztere dürften den urtypischen Bauernhunden entsprochen haben, die als »rekeln, rodden« oder »hofwarden« bezeichnet wurden. Sie hießen schon im Schwabenspiegel (1274/75) »hovewart«. Ihr Leben war hart. Auf Wilderei standen hohe Strafen. Bereits die bäuerlichen Vorfahren des heutigen Hovawarts hatten Familienanschluss, wie Quellen belegen. Kein Wunder, dass geringe Streunerneigung, »Treue«, Wachsamkeit und wenig Jagdpassion noch heute die Hovawartattribute sind. Der Rassehund »Hovawart« entstand aber erst Anfang des 20. Jahrhunderts.

Geplante Rückzucht

Zwei von Genetik, Zoologie und Biologie faszinierte Männer standen an der Hovawart-Wiege. Bertram und sein Sohn Kurt-Friedrich König wollten den seit vielen Jahrhunderten existierenden, langhaarigen, robusten und charakterlich zuverlässigen Bauern- und Hofhundtyp aus alten Hundestämmen zurückzüchten.

Der gebürtige Saarländer Kurt-Friedrich Wilhelm Karl König (1.2.1896 bis 26.1.1975) sah im Hovawart jenen unverfälschten Hund, der in der Domestikation auf dem Weg vom Wolf über den Wildhund bis zum Haushund die sogenannte Hausbarkeitsstufe repräsentierte, die nicht mehr verwilderte.

»Hilfe, was soll ich tun? Mir liegt ein Bär auf den Füßen!«

»Und wie siehst du als Schäferhund aus?«

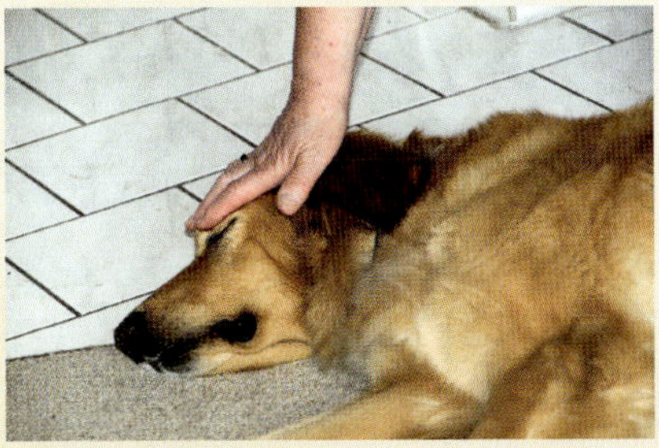

»Ich vertraue dir und schlafe einfach weiter.«

LANTAS LÄCHELN

Wie situationsgerecht Hovawarte handeln, bewies unsere Atlanta, Rufname Lanta. Edith, die Lebensgefährtin meines Vaters, traf unsere blonde Hündin während eines Besuchs und hatte vorher nie engeren Kontakt zu ihr gehabt. Edith mag Hunde, hält aber lieber Abstand. Sie stand in der Küche, Lanta kam zu ihr und legte sich wie selbstverständlich auf ihre Füße. »Huch! Was soll ich jetzt machen? Muss ich nun hier stehen bleiben?«, fragte sie etwas verunsichert. »Wenn der Hund hier so liegt, ist er aber schon groß! Hu, wie ein Bär!« Wir versicherten ihr, der Körperkontakt sei ein echter Vertrauensbeweis des Hundes und völlig ungefährlich.

Edith fragte gerührt, ob sie Lanta kraulen dürfe. Der Hovi schlief unterdessen fast ein. Wir: »Gerne, das findet sie gut!« Edith beugte sich tätschelnd über unseren Hovawart, wie es Fremde bei vielen anderen Hunden besser nicht tun sollten. In einem Anfall von Mut hob Edith plötzlich Lantas Ohren hoch, als sei unser Hovi ein fehlfarbener Deutscher Schäferhund! Weniger gelassene Vierbeiner hätten sie vor Schreck glatt gebissen. »Guck mal, das lässt sich der Hund auch ganz lieb gefallen!« Wir: »Ja, mit Lanta kannst du so was machen.« Und was tat der »Bär«? Statt zumindest aufzustehen und zu gehen, legte sich Atlanta wieder zurück auf die fremden Füße und wedelte dabei ganz entspannt mit der Rute, als wolle sie Edith beruhigen. So klopfte unsere Hündin minutenlang, als sei sie sich der Wirkung bewusst, einen langsamen Rhythmus auf den Küchenboden und sortierte beim Gleiten in den Schlaf leise schmatzend die Lefzen. Ein Wohlfühlgeräusch, das vielen Hovi-Haltern vertraut ist.

Hätte Lanta schnurren können, hätte sie geschnurrt. Und hätte Edith nicht doch irgendwann mal Kaffee kochen wollen, stünde sie jetzt noch da mit dem weichen, warmen Lanta-Bären auf den Füßen. Mein Vater sagte mir später, Fußwärmer Lanta sei Ediths Highlight des Tages gewesen. So war unsere menschenfreundliche Blonde. Doch hätte Edith plötzlich in unseren Vorgarten gestanden, wäre sie von unserem Hofwächter so energisch am Fenster verbellt worden, als hätte ein Artillerieangriff auf unser Haus vereitelt werden müssen!

Gutmütig, aber wachsam

Königs Vorhaben war damals sehr modern, denn die aus England stammende Kynologie lag voll im Trend. Doch was gab den Anstoß? Als Jugendlicher hatte sein Vater Bertram in einer Badeanstalt einen gutmütigen Hund kennengelernt. Eines Abends kletterte der junge König Senior über den Zaun, um kostenlos zu baden. Der Hund stellte ihn, doch König sprang trotzdem ins Becken. Beim Auftauchen packte ihn der pelzige Wächter am Arm, zwang ihn ans Ufer und hielt den Jungen in Schach, bis der Bademeister auftauchte. Kurt F. König dazu: »Dieser Vorgang, dass ein völlig kinderfreundlicher Hund zu Badezeiten zu anderer Zeit aber ganz anders reagieren konnte, nötigte meinem Vater einen solchen Respekt ab, dass er zeitlebens auf intelligente Hunde achtete, die ihre Handlungen der jeweiligen Situation anzupassen verstanden.« »Überlegsame Tiere«, wie König Vierbeiner mit der Fähigkeit zu situationsgerechtem Handeln nannte, waren für seinen Vater und ihn das Maß aller Dinge und ist auch heute noch »typisch Hovawart«.

Zucht ohne Rassestandard

Die Ausgangstiere der ersten Rekonstruktionsserie waren verschiedene Rassehunde sowie sogenannte Typ- und Hirtenhunde. Doch diese Testzucht fiel dem Ersten Weltkrieg zum Opfer. In den 1920er-Jahren folgte die zweite Rekonstruktionsserie im Harz, wohin es König junior als Kriegsversehrten verschlagen hatte. Einen einengenden Rassestandard wollte Kurt F. König, der in die Fußstapfen seines Vaters trat, nicht herausgeben, hielt aber Körkriterien fest: »Die Figur des Hovawarts erinnert an den nordischen Wolf, hier mit Hängeohren, und in Erregung hochgetragener Rute.« Wie Wölfe, so sollten auch Hovawarte schmal stehen, nicht quadratisch sein und durch einen langen Hals noch länger wirken. Die Behaarung war schlicht langhaarig, doch auch das raue Zotthaar vieler Hütehunde wurde akzeptiert.

König vertrat zwar die Ansicht, ein guter Hund habe keine schlechte Farbe, hielt aber Schwarzmarken für die ursprünglichste.

Mal eben im Flur nach dem Rechten sehen. Wie schnell ein Hovawart auch in fremden Häusern den Sicherheitsdienst übernimmt, erlebten wir vor Jahren.

DER GESTELLTE »DIEB«

Die von Kurt F. König gewünschte Selbstständigkeit des Hovawarts beim Beurteilen (anscheinend) gefährlicher Situationen sollte im Alltag nie vergessen werden. Mein Mann und ich machten vor etwa zwanzig Jahren mit unseren damaligen Hovawarten in Westerland auf Sylt Urlaub in einer gemütlichen Pension und tranken abends gerade mit der befreundeten Wirtin Tee, als unsere blonde Hündin Brenda (damals zwei Jahre alt) unbemerkt im dunklen, langen Flur nebenan verschwand. Im nächsten Moment bellte sie in einer solchen Lautstärke und so entrüstet, dass uns fast die Tassen aus den Händen fielen! Alle Anwesenden stürzten in den Flur. Des Rätsels Lösung: Ein anderer Feriengast hatte sich aus dem Untergeschoss durch eine Tür in den Flur begeben und nach dem Lichtschalter getastet, um auf unserer Etage aufs WC zu gehen. Jetzt stand der Mann mit erhobenen Händen vor der Toilettentür, von unserer pflichtbewussten Wächterin gestellt, verbellt und zur Bewegungslosigkeit verdammt. Der Arme sah aus wie ein ertappter Dieb! Berührt oder gar gebissen hatte Brenda ihn nicht.

Nach einem tiefen Durchatmen nahm der Urlauber unsere Entschuldigung an, ließ sich die Situation aus Hundesicht erklären und konnte den blonden Blitz, der sich sofort beruhigt hatte, als wir am »Tatort« eingetroffen waren, problemlos streicheln. Kurt F. König wäre sicher stolz auf unsere Brenda gewesen, die nie eine Schutzhundausbildung machte. Wir waren nicht ganz so angetan von ihrer Aktion und passten künftig besser auf sie auf.

Die Existenz des heutigen Hovawarts verdanken wir Kurt F. König (hier im Bild) und seinem Zuchtziel.

Bilder, die Kurt F. König sicher gefallen hätten. Ein gutes Sozialverhalten gehörte von Anfang an zu seinen Zuchtzielen.

Das Haarkleid hatte dicht und wetterfest zu sein, Locken auf dem Rücken waren unerwünscht. König legte Wert auf starke Sprunggelenke und auf Ausdauer im Trab, Pass- und Kreuzgang. Wesentliches Merkmal der Wolfsabstammung war für ihn ein kräftiges Gebiss.

Königs Wesensideale

Schon beim Junghund prüfte König Wesensanlagen, eine moderne Methode der Zuchtlenkung. Apportierbereitschaft, Wasserfreude, Fährtentalent, Sprungvermögen und die (unerwünschte) Wildpassion gehörten zu den Auslesekriterien. Zentrale Testsituation war der scheinbar auf der Erde schlafende Besitzer, um den ein Unbekannter schlich. König: »Geht der Fremde dann zum Scheinangriff über, so verteidigt ein guter Schutzhund je nach Alter und Erfahrung. Dazu braucht es keines Kommandos, noch der Abrichtung«. Versuche, den Hovawart zu provozieren oder ihn durch Schmerzen zum Beißen zu bringen, lehnte König entschieden ab. Der Schutzwert sollte allein aus dem Bestreben kommen, den Halter zu verteidigen, nicht aber einer echten oder anerzogenen Bissigkeit entspringen. Der Hovawart entstand laut König aus der Idee, die »Gebrauchshundzüchterei« zu überwinden und mit einem intelligenteren Vierbeiner ad absurdum zu führen. König sah in ihm somit einen Schutzhund ohne Gebrauchshundstatus. Das führte dazu, dass sich Mitstreiter aus der Schäferhundszene mit ihm überwarfen.

Nach dem Ersten Weltkrieg

Kurt F. König führte eine sogenannte Hovawart-Stammrolle, in der er sein züchterisches Vorgehen dokumentierte. 1924 wurde der Hovawart-Verein für deutsche Schutzhunde e.V., Thale, ins Vereinsregister eingetragen. Wichtigste Ausgangsrasse war nun der Deutsche Schäferhund, den König unter dem Zwingernamen »Wendhusen« anfangs auch rein züchtete. Hinzu kamen Neufundländer. Den größten Anteil an der neuen, angeblich alten Rasse hatten aber die Typhunde – diverse Hofhunde, die König im Harz fand und ebenfalls Anlageprüfungen unterzog.

Drei Farben, eine Rasse: Der FCI-Rassestandard lässt nur schwarzmarkene, blonde und schwarze Vierbeiner zu. »Schwarzmarken« ist auch der kleine Mischling im Bild.

Zeitgemäßes Image

Es gab drei Rekonstruktionsserien (bis 1914, ab 1918 und ab 1952), wobei Kurt F. König ab 1934 verstärkt als Züchter und bis 1945 auch als Zuchtleiter in Erscheinung trat.

In die Hovawart-Stammrolle wurde sein erster Wurf am 3. April 1922 eingetragen. Eine reine Schäferhund-Verpaarung! Zuchtversuche u.a. mit Kuvasz, schwarzen und schwarzmarkenen Hirtenhunden, Großen Schweizer Sennenhunden, Gordon Settern und einer gelben westeuropäischen Bauernhündin namens »Tessa«, die frühere Quellen fälschlich als nordafrikanische Wild- oder Windhündin bezeichneten, gab es nur in der ersten Rekonstruktionsserie vorm Ersten Weltkrieg. An der Wiege des modernen Hovawarts (zweite Rekonstruktionsserie) standen nachweislich nur Typhunde, Deutsche Schäferhunde und Neufundländer.

Königs Ideal war ein Schutzhund ohne Gebrauchshundausbildung. Seiner Ansicht nach sollte ein Hovawart selbst erkennen, ob Gefahr droht oder nicht.

Der Zerfall der Hovawart-Szene führte nach dem Zweiten Weltkrieg zu einer Aufspaltung in verschiedene Typen. Hier Vertreter des derben Schlags. Der Ursprung aller Hovawarte liegt aber in Thale und Treseburg im Harz.

König hatte auch im Dritten Reich einen guten Ruf als Wissenschaftler, obwohl er nie studierte. Das versetzte ihn in die Lage, eine Reihe seiner Zuchthunde vor dem Kriegsdienst zu schützen, indem er sogenannte Persilscheine für sie ausstellte. Darin wurde dargelegt, dass es sich um wertvolle Zuchttiere handelte, die nicht durch einen Kriegseinsatz gefährdet werden durften.

Den Nationalsozialisten kam Königs angeblicher Nachweis, wie aus dem nordischen Großwolf ein hängeohriger Haushund werden konnte, gerade recht. Unbestechlichkeit, Zuverlässigkeit, Standhaftigkeit, Gefolgschaftstreue und selbstloser Mut – die neue Rasse passte bestens zum pervertierten Wertesystem der 30er-Jahre. Die Nazis unterstützten daher die Zuchtaktivitäten in der »Reichsfachschaft Hovawart und bodenständige Hütehunde«. Über Königs eigene Gesinnung lässt sich nur mutmaßen. Die Wortwahl in seinen Schriften entspricht zumindest dem Zeitgeist.

Nach dem Zweiten Weltkrieg

1937 wurde der Hovawart anlässlich der Grünen Woche des Reichsnährstandes in Berlin vom Reichsverband für das Hundewesen als eigenständige Rasse anerkannt. Während die Zucht anderer Rassen durch den Zweiten Weltkrieg stark litt, ergab sich dank Königs Bemühungen beim Hovawart ein anderes Bild: Dessen Zucht ging fast nie dramatisch zurück. Nur 1940 brach sie leicht ein. In allen anderen Kriegsjahren blieben die Welpeneinträge im Durchschnitt bei über 100 pro Jahr – mehr als in der Vorkriegszeit.

Die Siegermächte beseitigten im Deutschland der unmittelbaren Nachkriegszeit das gesamte Vereinsleben der Vorkriegsjahre. Es gab nach Kriegsende zudem keine Freizügigkeit über die Zonengrenzen hinweg, so dass die Hovawartpopulationen zunächst räumlich isoliert waren. In einigen Gegenden waren parallel Zuchtbücher geführt worden, ohne dass die Hovawartfreunde voneinander wussten. Die Kriegsheimkehrer machten sich nun daran, in den verschiedenen Besatzungszonen wieder Zuchtvereine zu gründen. Regionale Hovawartklubs entstanden in Coburg, Hamburg, Oldenburg und in Ost-Berlin.

Verhärtete Fronten

Die Ansichten pro und contra der Schutzhundausbildung für Hovawarte überstanden den Krieg völlig unbeschadet. Eine Tatsache, die sich in den Vereinsgründungen der Nachkriegszeit niederschlug. Die einen schlossen sich der Auffassung Kurt F. Königs an, der schon 1920 geschrieben hatte: »Bezüglich der Folgsamkeit ist zu sagen: `Unterordnung´, wie das Fach heute meist heißt, ist eine gefährliche Klippe für wolfstämmige Hunde. So willig sie in der Jugend sein können, so wenig verträgt ihr Wolfswesen das Sklaventum.« In der Körordnung schreibt König: »Da die Hovawart-Zucht von Anfang an im Gegensatz zur Hundesportzucht und der Produktion von Mischlingen `für den Gebrauch´ betont als Zucht eines auch ohne Abrichtung brauchbaren Hundes geplant ist, dürfen keine Hunde in die Zucht aufgenommen werden, die nur nach gehöriger Abrichtung unter Menschen gebracht werden können!«

Andere folgten den Ansichten von Rittmeister von Stephanitz (»Schäferhundezucht ist Gebrauchshundezucht«). Für sie belegte ein Abrichtekennzeichen die Verwendbarkeit als Gebrauchshund. Der konträren König-Ideologie folgend wurden im Nachkriegs-Deutschland der »Hovawart-Verein für Deutsche Schutzhunde e.V.« in Hamburg (Vereinseintrag 17.12.1946) und der »Verein der Hovawartfreunde Berlin e.V.« gegründet (28.11.1948, Genehmigung der US-Besatzungsmacht am 05.02.1949). Der Rassezuchtverein für Hovawart-Hunde e.V., Sitz Coburg, (Vereinseintrag unter diesem Namen am 24.02.1949) verfolgte dagegen die Ziele der Gebrauchshund-Züchter. Durch frühe Kontakte der ersten RZV-Funktionäre mit dem Landesverband Bayern des späteren VDH erhielt der RZV und nicht Kurt F. König die Einladung zur Hauptversammlung der VDH-Vorgängerorganisation am 11.06.1949 in Dortmund. Somit wurde der RZV und nicht König und seine Mitstreiter zum Repräsentanten der bis dahin noch nicht im VDH-Vorläufer vertretenen Rasse Hovawart. Schon am 10. Januar 1950 wurde verkündet, dass nunmehr Hovawarte mit König-Ahnentafeln von VDH-Ausstellungen ausgeschlossen seien. Der Grundstein für eine jahrzehntelange Fehde zwischen RZV-Mitgliedern und sogenannten Dissidenten war gelegt. Versuche des Zusammenschlusses aller Hovawart-Nachkriegsvereine waren gescheitert. 1988 kippte das Bundeskartellgericht die Monopolstellung von VDH-Mitgliedsvereinen gegenüber Nicht-VDH-Zuchtvereinen. Seit 1991 nimmt der VDH daher mehr als einen Zuchtverein pro Rasse als Mitglied auf. Sowohl der Hovawart Club als auch die Hovawart-Zuchtgemeinschaft Deutschland (HZD) wurden in den 1990er Jahren zu VDH-Mitgliedsvereinen. Aus Konkurrenz- waren Kollegialvereine geworden und das Verhältnis der nunmehr drei VDH-Hovawartvereine entspannte sich immer mehr.

Kurt F. König war bis zu seinem Tod 1975 außerhalb der FCI aktiv.

Und Kurt F. König? Die Anerkennung des Hovawarts als siebte Gebrauchshundrasse 1964 hatte er scharf missbilligt. Konsequent blieb er bei seiner Meinung: Anlageprüfungen ja, Abrichtekennzeichen nein. Versuche, den Hovawart durch das Anreizen oder schmerzhafte Aktionen zum Beißen zu bringen, lehnte König weiter entschieden ab. Der Schutzwert sollte allein aus dem Bestreben kommen, den Halter zu verteidigen, nicht aber einer echten oder anerzogenen Bissigkeit entspringen. Sein Weg führte ihn jenseits der FCI in die Hovawart-Stammzucht Interessengemeinschaft e.V. (HST), gegründet 1977. Hier werden auch heute noch Hovawarte in den alten

Kein Leonberger-Mischling, sondern ein reinrassiger Hovawart: wildmarkene Hündin des alten Typs.

Der Herauszüchter der Rasse lehnte die Gebrauchshund-Anerkennung des Hovawarts ab.

Eine wildmarkene Hündin aus der Hovawart-Stammzucht.

Farben wildmarken, blondmarken und blond mit (schwarzem) Anflug gezüchtet.

Hovawartzucht in der DDR

In der DDR gab es ab 1953 ein eigenes Zuchtbuch. Bis zum Mauerfall stiegen die Eintragungen auf fast 50 Würfe pro Jahr. Durch die Isolation des Landes war der Genpool in der 1952 gegründeten »Spezialzuchtgemeinschaft Hovawart-Züchter« (SZG) fast geschlossen. Zum Zuchtaustausch mit dem Westen kam es nur in Einzelfällen. Angegliedert war die SZG dem Verband der Kleingärtner, Siedler und Kleintierzüchter (VKSK). Aus der SZG entstand 1990 der »Rassezuchtverein für Hovawarte in der DDR«. Längst ist die ostdeutsche Hovawartzucht ein wichtiger Bestandteil des gesamtdeutschen Zuchtwesens. Ostdeutsche Züchter sind in allen drei deutschen VDH-Hovawartvereinen zu finden.

Die FCI-Vereinslandschaft

Der Hovawart wird im VDH, der zur FCI gehört, von drei zuchtbuchführenden Vereinen betreut. Da ist zum einen der **Rassezuchtverein für Hovawart-Hunde e.V. (RZV)** als größter VDH-Hovawartverein. Als zweitgrößte Vereinigung folgt die **Hovawart-Zuchtgemeinschaft Deutschland e.V. (HZD)**. Dritter im Bunde: der kleine **Hovawart-Club e.V. (HC)**. In der Schweiz ist der **Schweizerische Hovawartclub (SHC)** für die Rasse zuständig.

In Österreich kümmert sich der **Österreichische Klub der Hovawartfreunde (ÖKH)** um sie. In Europa gibt es noch viele weitere FCI-Hovawartvereine. Um das Auseinanderdriften der Zucht zu verhindern, entstand 1983 die **Internationale Hovawart-Föderation (IHF)**. Auch in England und in den USA werden Hovawarte gezüchtet, allerdings nicht unter dem FCI-Dach.

HOVIS VON DRÜBEN

1990 besuchten mein Mann und ich eine CAC-Schau in Niedersachsen. Gemeldet waren so kurz nach der Wende erstmals auch Hovawarte aus der ehemaligen DDR. Ein Raunen ging durch die Zuschauerreihen, als sie in den Ringen erschienen: üppiges Fell, knochenstark, groß, derb, imposante Köpfe, brillante Marken bei den meisten Schwarzmarkenen und blonde Hunde in einem satten, dunklen Farbton. Kurz: Die DDR-Hovis fielen auf. Ihre unerwartet schlechten Bewertungen führten zum Eklat: Mehrere ostdeutsche Aussteller bauten sich vor den Richtertischen auf, beschwerten sich laut und gestenreich bei den Formwertrichtern, zerknüllten ihre Richterberichte, warfen sie in den Papierkorb und verließen erbost die Ausstellung! Hovawarte des DDR-Typs haben heute bundesweit viele Fans und werden nach den gleichen Maßstäben bewertet, wie ihre westdeutsche Konkurrenz.

Ein Internationaler Schönheitschampion (FCI) aus ostdeutscher Zucht. Die beeindruckenden DDR-Hovawarte sorgten nach der Wende im Westen für Erstaunen.

WELPEN AUS DEM AUSLAND

Wenn Sie einen Welpen im Ausland kaufen möchten, braucht dieser seit Ende Dezember 2014 für die Einfuhr aus der Europäischen Union zwingend eine dokumentierte Tollwutimpfung. Da gegen Tollwut erst ab der 12. Lebenswoche geimpft wird und der Impfstoff drei Wochen braucht, um voll zu wirken, können »Auslandswelpen« nicht mehr vor der 15. Lebenswoche importiert werden. Sie müssen folglich bis zu diesem Zeitpunkt beim Züchter bleiben. Züchter, die ihre Hunde innerhalb der EU verkaufen möchten, müssen diese nun in der Regel bis zur 15. Lebenswoche behalten, um sie mit dem erforderlichen Tollwutimpfschutz abzugeben, sofern die Einfuhrländer keine Ausnahmeregelungen erließen. Auskunft über die aktuellen Aus- und Einfuhrbestimmungen erteilen u.a. die Webseiten der Botschaften. Ziel dieser Neuregelung ist es, das oft viel zu früher Trennen von Welpen und Mutterhündin zu unterbinden, das beim illegalen Welpenhandel (oft als Privatkauf getarnt) an der Tagesordnung ist.

Eine erfolgreiche Züchterin mit ihrer Hündin. Welpen ins Ausland zu verkaufen und sie nach Deutschland zu importieren, ist seit Ende 2014 komplizierter geworden.

Auch im Ausland wird wertvolle Arbeit für die Rasse geleistet: Die SHC-Ausbildungswochen in den Schweizer Alpen sind legendär.

Ein Hovawart soll es sein

Hovawarte mit VDH-Papieren

2020 fielen 674 Hovawartwelpen bei VDH-Züchtern (2019: 802, 2018: 919, 2017: 836, 2016: 927, 2015: 818). Die Hundehysterie ab dem Jahr 2000 ließ die Nachfrage nach großen Hunden sinken.

Die strengen Vorgaben werden durch geschulte Zuchtwarte kontrolliert. Es gibt jedoch etliche Unterschiede, was Begrifflichkeiten, Zuchtvoraussetzungen und Körinhalte der VDH-Hovawart-Vereine betrifft. Diese werden immer wieder im Sinne der Zuchtziele optimiert. Die aktuellen Kör- und Zuchtordnungen finden Sie auf den Internetseiten der Vereine (siehe Anhang). Wesensfestigkeit, Erbgesundheit und Langlebigkeit der Rasse sind neben der Zucht nach dem FCI-Rassestandard aber allen drei VDH-Hovawart-Vereinen wichtige Anliegen. Das gilt auch für die FCI-Clubs im Ausland.

BEHÖRDLICHER VERORDNUNGSWAHN

In Deutschland steht der Hovawart auf keiner Liste (angeblich) gefährlicher Hunderassen. Anders im schweizerischen Kanton Glarus, wo die Haltung eines Hovawarts seit dem 1. Januar 2014 bewilligungspflichtig ist. Außerdem ist mit gelisteten Hunden dort eine Gehorsamsprüfung obligatorisch. In Brandenburg und Nordrhein-Westfalen gilt auch für den Hovawart die sogenannte 40-20-Regel: Alle Hunde über 40 Zentimeter Schulterhöhe und über 20 Kilogramm Körpergewicht müssen dem Ordnungsamt der Gemeinde (u.a. mit ihrer Chipnummer) gemeldet werden. In diesen Bundesländern müssen unerfahrene

Bitte nicht irgendwo kaufen! Hovawarte aus gutem Hause profitieren ihr Leben lang von einer sorgfältigen Aufzucht. Im Bild drei Generationen einer VDH-Züchterin.

Finger weg von Billigwelpen!

Etwa 1600 Euro kostet derzeit ein Welpe mit VDH-Ahnentafel. Dafür bekommen Sie einen sorgfältig geprägten, liebevoll aufgezogenen Hund aus kontrollierter Zucht. Werden Sie misstrauisch bei Billigangeboten in Internet und Tageszeitung. Hören Sie die Alarmglocken läuten, wenn Welpen vom Bauernhof direkt an die Haustür geliefert werden. Von der Übergabe aus dem Kofferraum gar nicht zu reden. Augen auf, wenn mit vielen Hündinnen gezüchtet wird, mehrere Würfe gleichzeitig zum Verkauf stehen, die Welpen in Zwingeranlagen, Schrebergärten, Garagen oder Stallgebäuden aufwachsen! Legen Sie den Rückwärtsgang ein, falls Sie die Mutterhündin nicht mit den Welpen besichtigen können und die Hunde krank oder verängstigt wirken. Mitleidskäufe sind tabu!

Hovawarte aus zweiter Hand

Die Übernahme eines umplatzierten Hovawarts ist dagegen eine gute Tat, wenn es kein Welpe sein muss. Tod, Scheidung, Erkrankung, Umzug, Jobverlust oder Erziehungsprobleme können Abgabegründe sein. Zum Glück werden Heimatlose oft innerhalb der Vereine weitervermittelt oder ihre Züchter nehmen sie, wenigstens übergangsweise, zurück. Nur selten findet man deshalb Hovawarte in Tier-

Ein Hovawartspaziergang in der Schweiz. In Deutschland steht der Hovawart zum Glück nirgendwo auf dem Index bewilligungspflichtiger Rassen.

Besitzer außerdem ihre Sachkunde bzw. Zuverlässigkeit nachweisen. Die Pflicht zum Sachkundenachweis besteht für Ersthundehalter in Theorie und Praxis außerdem in Niedersachsen. Informationen über die genauen Regelungen finden Sie im Internet unter den Stichworten Landeshundegesetz, Gefahrhundeverordnung oder Hundegesetz.

Auf der Sonnenseite des Lebens. Auch Artgenossen in Not verdienen ein gutes Zuhause.

heimen. Hovawarte in Not werden in speziellen Webportalen und auf den Internetseiten der Rassezuchtvereine vorgestellt. Sie haben eine zweite Chance verdient!

Überlegungen zur Farbe

Die durchschnittliche Wurfgröße liegt beim Hovawart bei sieben bis acht Welpen; oft liegen nach dem Werfen Welpen in verschiedenen Farben in der Wurfkiste. Werden ausnahmsweise zwei Blonde verpaart, kommen ausschließlich reinerbig blonde Welpen zur Welt. Dreifarbige Würfe sind relativ selten. Blonde Exemplare machen Unsicheren weniger Angst, doch nette Schwarzmarkene und Schwarze haben ebenso viele Fans. Achtung: Wer einen blonden Hovawart für ein erbgesünderes Golden Retriever-Double hält, wird sich wundern! Ihr Wesen trennt Welten. Wenn Sie gerne fotografieren, hat es Ihre Kamera mit einem hellen Motiv leichter. Blonde Unterwolle fliegt besser, was sich auf dem Teppich und im Essen bemerkbar macht. Ein dunkler Hovi glänzt stärker. Pigmente beeinflussen unter anderem die Produktionswege von Botenstoffen im Organismus und können sich biochemisch aufs Nervensystem auswirken. Farbabhängige Wesensunterschiede konnte ich beim Hovawart aber noch nicht feststellen. Verhalten hängt eben von zig Faktoren ab. Schön sind sie alle.

Welche Farbe soll es sein? Schön sind sie alle! Die Wahl ist letztlich eine Geschmacksfrage.

Rüde oder Hündin?

Die Annahme, Rüden seien per se schwieriger als Hündinnen, vergisst eines: den Menschen am oberen Ende der Leine. Verhalten hängt vom Kontext ab: In jeder Situation dominante Hunde gibt es nicht! Viele Hundedamen sind sogar willensstärker und schlitzohriger als Rüden. Wie genial sie die Zweibeiner nach ihrer Pfeife tanzen lassen, bemerken diese oft erst auf den zweiten Blick. Kein Wunder, dass in frei lebenden Wolfsrudeln die »Entscheider« häufig weiblich sind. Ein Unterschied ist nicht von der Hand zu weisen: die Hormon bedingte Launenhaftigkeit von Hündinnen. Manche sind insbesondere vor der

Läufigkeit auf Erzfeindinnen nicht gut zu sprechen. Andere werden intensiv scheinträchtig und damit schläfriger, schmusiger und hungriger. Rüden können dagegen sehr leiden, wenn heiße Hündinnen im Revier sind, manchen vergeht gar der Appetit. Hochläufige müssen in der Standhitze an der Leine bleiben und rufen Streuner auf den Plan. Viele Hundesportler bevorzugen Rüden, da sie keine Arbeitspausen durch Läufigkeit, Trächtigkeit oder Wurfaufzucht einlegen müssen. Übrigens: Läufige Hündinnen darf man zwar ausstellen, Freunde unter Rüdenhaltern auf der Schau macht man sich damit aber nicht. Bei Körungen kommen läufige Hündinnen nach Absprache mit dem Körmeister zuletzt dran, um mit ihrem Duft nicht die vor ihnen startenden Rüden zu verwirren. Wer züchten will, kauft eine Hündin. Doch bis zum Wurf ist es ein weiter Weg. Eine Deckrüdenkarriere lässt sich noch weniger planen. Ob imposanter Rüde oder elegante Hündin: Besser oder schlechter gibt es nicht.

Alles eine Typfrage?

Anfänger kann ein Leistungszucht-Hovawart überfordern. Mutter und Vater eines solchen Welpen haben mindestens eine Prüfung im Gebrauchshundesport bestanden, beide Elterntiere besitzen also das Abrichtekennzeichen VPG oder IPO 1 bis 3. (Welpen aus Leistungs- und Gebrauchszucht sind aufgrund der Vereinsgeschichte vor allem im RZV zu finden.) Schon König wusste aber, dass sich Abrichtekennzeichen nicht vererben. Nicht alle Geschwister eines Wurfes sind zudem gleich veranlagt. Kein Wunder: Wolfsrudel jagen arbeitsteilig und leben im Sozialverband. Jedes Tier bringt seine Stärken ein. Aber was führt zu Wesensunterschieden im Wurf? Bei der Wesensentwicklung greifen im Mutterleib vom Befruchtungsmoment an Gene, Hormone und Umwelteinflüsse ineinander. Hündinnen, die in einem Gebärmutterhorn zwischen Brüdern heranreiften, bekommen mehr Testosteron ab als weibliche Welpen, die im Mutterleib zwischen Schwestern lagen.

Das Foto zeigt Hündinnenpower pur!

Auch die Stresshormone der Mutterhündin beeinflussen den Nachwuchs vorgeburtlich. Eine entspannte Zuchthündin ist aber nicht nur hormonell die beste Voraussetzung für die Entwicklung eines belastbaren Wesens. Sie lebt der Kinderschar auch per Stimmungsübertragung und Tradierung eine gelassene Lebenseinstellung vor. Welpen labiler Hundemütter sind dagegen später weniger bindungsfähig. Die Intensität der mütterlichen Fürsorge beeinflusst außerdem epigenetisch, wie die jungen Hovis zeitlebens auf Stress reagieren werden, denn Gelecktwerden und Körperkontakt wirken sich auf ihre Hirnentwicklung aus. Bei großen Würfen bleibt der Mutterhündin weniger Zeit für jedes Hundekind.

Umso wichtiger ist die liebevolle Wurfbetreuung durch den Züchter. Alle Hundepersönlichkeiten haben Vor- und Nachteile, Stärken und Schwächen. Letztlich werden Sie mit jedem Welpen glücklich, wenn Sie seine Wesensentwicklung typgerecht fördern.

Asla, unser erster Hovawart. Unsere Wunschrasse hatten wir uns anhand eines einzigen Hundebuches ausgesucht. Nicht zur Nachahmung empfohlen!

VÖLLIG NAIV

Wie kamen Sie auf den Hovawart? Hoffentlich nicht so naiv wie mein Mann und ich. Als wir mit 17 Jahren zusammenzogen, war uns klar: Wir wollen bald einen Hund haben. Ein Wunsch aus Kindertagen. Hundeerfahrung? Kaum. Erziehung? Keine Ahnung. Irgendwie würde es schon klappen.

Wie sollte unser Hund sein? Unkupiert an Ohren und Rute (das Kupieren war damals noch bei vielen Rassen üblich), kein Jagdhund, keine Stehohren und keiner, der getrimmt werden musste. Dafür groß, weich, pflegeleicht, sportlich, intelligent. Wir wälzten ein Hunderassenlexikon, das neben stichwortartigen Beschreibungen nur eine Zeichnung pro Rasse enthielt. Unsere einzige Infoquelle! Wir hatten wir zwar noch nie einen Hovawart in natura gesehen, aber der im Buch gefiel uns. Das Internet gab es noch nicht. Wachsamkeit? Territorialverhalten? Egal. Dann bellte er eben ab und zu. Die Entscheidung war gefallen. Meine Eltern boten mir zum Abitur einen Parisurlaub oder das Geld für einen Hovawartwelpen an. Sie wissen, was ich wählte! Aber woher einen bekommen? Damals hielten wir Ziervögel und kauften deren Futter in einem großen Zoofachgeschäft. Der Inhaber züchtete English Springer Spaniel im VDH und drückte uns die Verbandszeitschrift »Unser Rassehund« in die Hand. Darin zu finden: Die Adresse des RZV, damals alleiniger Hovawartverein im VDH. Über die Welpenvermittlung nahmen wir Kontakt zu Züchtern auf.

Ein blutjunges Studentenpaar ohne Ahnung, ohne geregeltes Einkommen, unverheiratet, keinen Führerschein, wohnhaft in einer kleinen Mietwohnung (immerhin parterre und mit Garten hinterm Haus). Aber total begeistert von der Vorstellung, bald Hovawartbesitzer zu sein.

Von der Aufzucht bis zum 5. Monat

II. Welpenzauber

In diesem Kapitel

Ihr Welpe zieht um
Integration in die Familie
Fütterung und Gesundheit
Wichtige Alltagserfahrungen
Die Wesensentwicklung
Die Grunderziehung
Den Wildfang bändigen

Gehen wir davon aus, dass Ihr Wunschwelpe nach 63 Tagen Tragzeit mit seinen Geschwistern bei einem tollen Züchter zur Welt kam. Die Mutterhündin kümmerte sich perfekt um die Kleinen, die sich prächtig entwickelten. In der vierten Lebenswoche durften Sie zu Besuch kommen. Toll, die Freundlichkeit der Hündin und die Wurfkiste im Wohnzimmer! Der Gartenauslauf war ab der sechsten Lebenswoche der reinste Abenteuerspielplatz. Bällebad, Spieltunnel, kleine Wippen, große Kreisel, Spielzeuge, Klettermöglichkeiten – ständig gab es neue Anregungen und Erkundungsangebote. Die Welpen lernten viele nette Menschen kennen, alte und junge. Der Zuchtwart lobte bei seinen Besuchen den Wurf und protokollierte dessen Entwicklung.

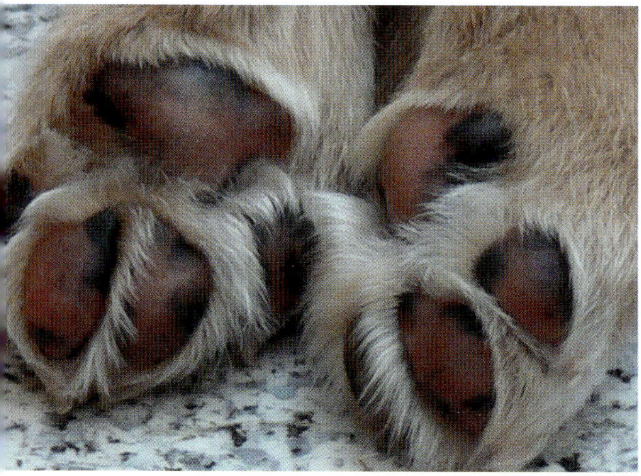

In den ersten Lebenstagen sind vor allem die blonden Hovawartbabys noch nicht voll durchpigmentiert. Hier zeigt sich immer mehr Farbe.

Der erste Welpe ist da! Der 63. Tag nach dem Decken ist nur eine grobe Richtschnur für den wahrscheinlichen Beginn des Werfens.

Würfe mit Welpen aller drei Farben fallen relativ selten. Hier erfüllte sich der Züchterwunsch.

Eine liebevolle Aufzucht ist der beste Garant dafür, an seinem neuen Familienmitglied viel Jahre lang Freude zu haben.

Der liebevolle Züchter und seine Familie waren nicht nur sehr sorgfältig, was das Füttern, Entwurmen, Prägen und Impfen betraf, sondern übten mit den Lütten auch Autofahrten, gewöhnten sie an Halsband, Leine und Bürste, machten Ausflüge und luden gut sozialisierte Gasthunde ein.

Sie übten das Kommen auf Zuruf und das »Sitz!« Kein Wunder, dass die Welpen bei Ihren Besuchen so kontaktfreudig und entspannt waren. Das bestätigte auch der Wesenstest gegen Ende der Aufzucht, falls Ihr Hund aus dem RZV oder der HZD stammt. Und dann sind die Süßen endlich acht Wochen alt (nach dem Zuchtreglement des schweizerischen SHC dürfen Welpen nicht vorm Ablauf der zehnten Lebenswoche abgegeben werden). Nachdem sie sich zwei Tage vom Impfen erholen konnten, ist der große Tag da!

Die kleine Atlanta hatte sich bei ihrer Abholung als Rakete erwiesen. Und verblüffte uns auf der Reise in ihr neues Leben durch ihre Seelenruhe.

HINAUS IN DIE WELT

Ein unfreiwilliges Lippenpiercing stand am Anfang meiner Freundschaft zu unserer blonden Atlanta. Meine Unterlippe wurde just in dem Moment getackert, als mein Mann und ich die acht Wochen alte Hündin von ihrer Züchterin abholen wollten. Die zehnköpfige Welpenschar spielte im Gartenauslauf und glitt uns wie ein Schwarm junger Riffhaie um die Beine. Ich hielt Ausschau nach unserer Blondine, sah sie und steckte den Kopf zwischen die wild wuselnden, weichen Welpen. Zack, hing mir ausgerechnet unser neues Hundekind mit den Haizähnchen in der Oberlippe! Ihr Frauchen in spe sah Sterne und blutete wie abgestochen. Unsere Blutsschwesternschaft war besiegelt.

Oh je, wie würde nur die lange Nachhausefahrt mit diesem Wildfang verlaufen? Kein Problem: Atlanta legte sich sofort auf meine Beine und schlief bis zur ersten Rast selig und zufrieden bei mir auf dem Rücksitz. So gelassen ging es weiter. Diese beiden Seelen in ihrer Brust bestimmten ihr Verhalten bis zu ihrem Tod mit fast zwölf Jahren: Zum einen hatte sie auch im Alter noch viel Temperament, zum anderen begegnete sie Menschen stets vertrauensvoll und ohne Argwohn.

Noch schläft diese Hündin auf dem Schoß ihrer Züchterin. Gleich heißt es Abschied nehmen.

Jetzt ist es soweit! Die Welpenkäufer dürfen ihren neuen Hund endlich mitnehmen.

Ihr Welpe zieht um

Der Kaufpreis ist beglichen, Kaufvertrag, Wurfabnahme- und (je nach Verein) ein Wesenstestprotokoll, EU-Heimtierausweis, Spielzeug, Futter, Halsband und eine nach dem Wurf riechende Decke sind übergeben. Die Ahnentafel ist eventuell noch in Arbeit. Das Wollknäuel wird vom Züchter ein letztes Mal geknuddelt. Auf Ihrem Arm beginnt für den Welpen ein neuer Lebensabschnitt.

Trotz der Übungsfahrten ist von Verzweiflung bis Abgeklärtheit auf der Heimreise alles möglich. Hilfreicher als das kontraproduktive Trösten ist Spielzeugablenkung. Bewährt haben sich Pausen nach wenigen Kilometern. Bewegung baut Stress ab. Schnell merkt der Entführte: Sie sind gar kein so übler Ersatz für seine Züchterfamilie! Zu Hause angekommen darf der pelzige Abenteurer im Garten Pippi machen. Falls Sie Kinder haben, darf das neue Familienmitglied weder von ihnen bedrängt noch zum Spielen genötigt werden. Die Treppen sind abgesperrt. Fliesen, Parkett und Laminat machten Sie mit gummierten Läufern rutschfest. Spaziergänge sind noch tabu, Ihr Welpe hat in der ersten Woche genug mit den heimischen Reizen zu tun. Besucher müssen sich gedulden. Ein geregelter Tagesablauf erleichtert die Eingewöhnung. Nach dem Fressen, Schlafen und Spielen gehen Sie sofort (!) mit dem Zwerg hinaus. Im Garten belohnen Sie ihn fürs Machen. Schnell versteht Ihr Mini-Hovawart, was das zu bedeuten hat und zeigt seine Bedürfnisse an.

Wo soll er schlafen? Nach der Übernahme des Welpen stellen sich viele Fragen.

Ein acht Wochen alter Hovawartrüde, der in Kürze zu seinen neuen Besitzern zieht. Ruhe, Ruhe und nochmals Ruhe ist in den ersten Tagen nach der Übernahme angesagt.

DER WEIHNACHTSSCHOCK

Eine Welpenbesitzerin berichtete mir von einem auffälligen Fremdeln ihrer schwarzmarkenen Hündin Menschen gegenüber. Die Frau hatte ihren jungen Hovawart kurz vor Weihnachten übernommen, und die begeisterte Verwandtschaft ließ es sich nicht nehmen, beim Festbesuch das neue Familienmitglied mit großem Hallo willkommen zu heißen. Anstatt munter auf die Fremden zuzugehen, fühlte sich die Kleine jedoch stark bedrängt und reagierte zum Leidwesen ihrer Halterin in den folgenden Wochen auch auf andere Unbekannte mit scheuer Zurückhaltung. Zwar legte sie die Verunsicherung durch gezieltes Anti-Angst-Training mehr und mehr ab, aber ihre Besitzerin räumte zerknirscht ein, ihrem jungen Hovawart den adventlichen Besucherstrom zugemutet zu haben, sei ein großer Fehler gewesen.

Die ersten Nächte

Wo soll Ihr Welpe schlafen? Manche Experten empfehlen eine Hundebox zur Sauberkeitserziehung und zur Vermittlung von Ruhe. Die Vorteile: Das Schlafzimmer bleibt sauber, der Welpe kommt nicht zu Ihnen ins Bett und knabbert weder Möbel noch Hausschuhe an. Nachteilig ist, dass er das Lager nicht wechseln darf, wenn ihm warm oder kalt wird, und mit Ihnen nicht kuscheln kann. Das beruhigende Kontaktliegen wird plötzlich verhindert. Wichtig: Zur Bestrafung oder mit Zwang darf die Box nie verwendet werden, der Hund soll sie gerne aufsuchen. Die Gewöhnung erfolgt schrittweise und mit viel Lob. Wenn Sie Ihrem Welpen als sein Elternersatz mehr Nähe schenken und den Bindungsaufbau fördern möchten, schlafen Sie auf einer Luftmatratze bei ihm auf dem Boden. Ich finde vertrauensbildende Maßnahmen viel wichtiger als einen erbeuteten Pantoffel und benutzte noch nie eine Box.

Gretchenfrage Halsband oder Geschirr: Was soll der neue Welpe tragen und welches Modell?

Schon beim Züchter wurde dieser acht Wochen alte Rüde an das Tragen eines Halsbandes gewöhnt.

Halsband oder Geschirr?

Es ist modern, schon Welpen am Geschirr zu führen. Doch Vorsicht: Schlecht angepasste, ungepolsterte Modelle können am Brustbein verrutschen, an den Zitzen scheuern, zu Verfilzungen führen, unter den Achseln drücken oder zwicken. Nicht von ungefähr weichen viele Geschirrträger beim An- und Ablegen aus.

Zieht der Hund kaum, spricht nichts gegen ein breites Halsband oder ein Modell mit begrenztem Stopp, das den Hund nicht würgen kann. Stachelhalsbänder sind tabu. Langgliedrige, nicht auf Zug gestellte Kettenhalsbänder gehören zwar zur Grundausstattung im Ausstellungsring, bei Körungen und auf traditionellen Hundeplätzen, für Welpen und zum ständigen Gebrauch sind sie aber ungeeignet. Achtung: Kleingliedrige Halsketten verursachen Haarbruch! Außerdem können sich beim Toben mit Artgenossen die Zähne in den Kettengliedern verhaken und abbrechen.

Integration in die Familie

Junge Hovis gehen mit Kindern ganz schön ruppig um, schließlich fehlen ihnen die eigenen Geschwister zum Toben.

Kinder sind nicht automatisch ranghöher als der Hund. Das letzte Wort haben immer die Eltern.

Hovawart- und Menschenkinder

Sorgfältig aufgezogene Hovawarte werden große Kinderfreunde, wenn sie in Familien mit hundefreundlichen Kindern und verantwortungsbewussten Eltern kommen. Das Welpentemperament macht aber nicht halt vorm Haarschopf eines krabbelnden Kleinkindes, den Strumpfhosen einer Dreijährigen oder zarten Babyfüßen, die aus dem Hochstuhl ragen. Gehen Ihre Sprösslinge schon zur Schule, fällt die Integration leichter. Kinder sind als »Jungtiere« des Rudels in den Augen Ihres Hundes nicht automatisch ranghöher. Die Kids sollten keine wilden Zerrspiele mit ihm veranstalten, ihn nicht durch Anstarren provozieren, ihm nie Ressourcen wie Futter, Spielzeug oder Kauknochen streitig machen und ihn auf seinem Schlafplatz in Ruhe lassen. Auch dürfen die Kinder nicht kreischend vor dem Welpen weglaufen. Er könnte lernen, dass das Zweibeiner-Verfolgen großen Spaß macht. Ein heikler Selbstbelohnungseffekt! Greifen Sie rechtzeitig ein.

Was könnte ich jetzt wieder anstellen? Ich habe schon eine Idee …

Diese Hündin musste kurz nach der Abgabe schon wieder umplatziert werden. Baby und Welpe – eine Kombination, der eine Mutter einfach nicht gewachsen war.

VÖLLIG ÜBERFORDERT

Einmal bekamen wir eine Anfrage von Welpeninteressenten, die für ihren Sohn eine blonde Hündin suchten. Der Jugendliche hatte eine schwere Zeit hinter sich: Nach einem Unfall war der Teenager lange im Krankenhaus gewesen. Um den jungen Mann zum Durchhalten zu motivieren, hatten ihm die Eltern einen Welpen versprochen. Gerührt von der Geschichte sagten wir zu.

Eine Woche nach der Welpenabholung rief mich verzweifelt die Mutter an, die auch noch ein eineinhalbjähriges Baby betreute. Die kleine Hündin würde das Kind »beißen«, sagte sie unter Tränen. Dafür hätte sie aus Hundesicht zwar Verständnis, aber sie könnte den wilden Vierbeiner nicht bändigen. In ihrer Not würde sie den Welpen immer wieder in die Küche sperren, wo er dann aus Frust irgendetwas zerfetzte und ausdauernd belle. Es sei einfach schrecklich!

Wir verabredeten die sofortige Rückgabe, denn da waren Hopfen und Malz verloren. Der eigentliche Besitzer, der Junge, war bis nachmittags in der Schule und konnte nicht zur Entlastung der überforderten Mutter beitragen. Die temperamentvolle Hündin kam im Alter von neuneinhalb Wochen zu uns zurück und wir fanden schnell ideale neue Besitzer: ein kinderloses Paar in unserer Nähe. Alles, was sie von diesem Abstecher zurückbehielt, war eine große Liebe zu kleinen Kindern! Den Jungen, der anfangs sehr traurig über den Verlust seines Welpen gewesen war, informierte ich jahrelange über den weiterem Lebensweg »seines« Hundes. Die neuen Halter erwiesen sich als Glücksgriff. Drei Jahre später züchteten sie selbst. Die einst umplatzierte Hündin wurde Mutter unserer Alma und Urgroßmutter von Antonia.

Nur kein Mitleid mit dem Zwerg! Der Golden Retriever-Rüde weiß, was er tut.

Souveräne Ersthunde reagieren angemessen auf die Respektlosigkeiten.

Erst- und Zweithund

Bitte nicht wundern, wenn Sie schon einen Vierbeiner haben: Viele Ersthunde schirmen wichtige Räume ab und verbieten dem Welpen das Anrühren bestimmter Spielzeuge. Tabubrüche werden mit entblößtem Gebiss, krauser Nase, Fanggriff und Knurren bis hin zum Schnappen geahndet. Der Große führt nur weiter, was die Mutter und andere Hunde des Züchters begonnen haben. Ihr Welpe kennt diese Signale. Solange Ihr Älterer Respekt nicht überhart einfordert, darf er dabei helfen, aus dem kleinen Anarchisten ein gut sozialisiertes Mitglied der Hundegesellschaft zu machen. Haben Sie kein Mitleid mit dem geläuterten Mini-Monster, sondern freuen Sie sich über Ihre instinktsicheren Hunde.

Manche Ersthunde resignieren und wehren sich kaum noch gegen den Wirbelwind, der ihnen an den Ohren hängt, in die Pfoten beißt oder die Lefzen perforiert. Die Vorstellung, die Hunde regelten das Miteinander alleine, darf nicht zu unterlassener Hilfeleistung führen. Schützen Sie Ihren Großen vor dem fliegenden Pelzbündel. Üben Sie die Impulskontrolle per Abbruchkommando, dem Clicker oder dem Konditionieren auf die Hundepfeife. Loben Sie den Welpen, sobald er Sie auf ein Signalwort hin anschaut. Wenn das nichts nützt, versperren Sie ihm den Weg zum gequälten Mithund mit ausgebreiteten Armen (Splitting) und bieten ihm dann sofort eine Spielalternative an. Attacken

Wo ist mein Gefährte? Welpen in Mehrhundehaltungen müssen lernen, dass sie Abenteuer auch alleine bestehen können.

weisen aber auch oft auf ein dringendes Bedürfnis hin. Neben einem Gartengang beruhigen Plüschtiere, Pappkartons, Kongs Suchspiele und Kauknochen die Lage. Um Ruhezeiten durchzusetzen, können Sie den Schlafplatz des Älteren mit einem Trenngitter in der Tür absichern.

Die Dauer der Spaziergänge des Welpen und des erwachsenen Hundes weichen monatelang extrem voneinander ab. Ratsam sind Gemeinschafts- und Solo-Ausflüge im Wechsel. So lernt der junge Hund, Konflikte auch alleine zu lösen. Wird die Trennung verpasst, riskiert man die Abhängigkeit vom starken Ersthund. Sichtbar würde diese schon bei der Jüngstenbeurteilung des Hovawart-Vereins: Viele Junghunde brechen den Wesenstest verunsichert ab und laufen zum Parkplatz, um das Auto mit ihrem Hausgenossen zu suchen. Erfahrene Körmeister tippen sofort auf Zweit- oder Dritthund.

Und schon ergatterte sie Remus` Beute. Die süße Brenda hatte es faustdick hinter den Ohren und verlangte ihrem große Gefährten alles ab.

EINE FRAGE DES RESPEKTS

Das Zusammenwachsen von Erst- und Zweithund kann turbulent werden. Das erlebten wir, als wir eine acht Wochen alte blonde Hovawarthündin zu unserem schwarzmarkenen Rüden (damals sechs Jahre alt) hinzugesellten. Die kleine Brenda war mutig und keck, und Remus, der Altrüde, versuchte nach allen Regeln der Kunst, ihr seine uneingeschränkte Autorität zu beweisen. Lange vergeblich: Wenn Remus fraß, packte Brenda seine Rute und schüttelte sie tot (was er mit erstaunlicher Gelassenheit geschehen ließ, während uns die Farbe aus dem Gesicht fiel). Ein Spielzeug, das er auf seinen Lieblingsteppich getragen hatte und bewachte, organisierte sich das kleine Schlitzohr, indem es einfach den Teppich, auf dem das Objekt der Begierde lag, packte und zu sich herzog. In voller Länge legte sich der Rüde auf Schwellen zu Räumen, die er für die junge Hündin mit einem Tabu versehen wollte, und knurrte drohend, sobald sie an der niedrigsten Stelle, nämlich über seinen Fang, die Barriere überklettern wollte. Anstatt sich davon beeindruckt zu zeigen, nahm der Welpe Anlauf und sprang mit einem Satz über sein Hinterteil! Mein Mann und ich bemerkten verdutzt, dass dem Rüden so langsam die Ideen auszugehen schienen. Nun ging er dazu über, Kauknochen nicht mehr zu fressen, sondern den ganzen Tag zu bewachen, um diese Beutestücke vor der Hündin zu sichern und sie gezielt damit zu provozieren (sogenannte Monopolisierobjekte). Die Konzentrationsfähigkeit eines Hovawarts bei so einer Aufgabe ist enorm, und so vergaß der Rüde stundenlang nicht, ein Auge auf den Knochen zu haben und mit sich herumzuschleppen. Bis er einen Moment abgelenkt war, weil es an der Tür geklingelt hatte, und er die Beute auf seinem Lager liegen ließ ... Schon schlich sich die kleine Brenda heimlich auf seine Schlafdecke und wollte gerade den für heilig erklärten Büffelhautknochen wegschleppen. Doch plötzlich kam Remus wie ein geölter Blitz ins Zimmer gerannt, packte den Welpen kurz, aber mit lautem Gebrüll am Ohr und brachte dann den vor Schreck von ihr fallen gelassenen Knabberknochen in Sicherheit! Ihr Behang blutete am Ansatz zwar etwas, doch es war nicht so tragisch. Aber der ertappte Welpe schrie wie am Spieß, als wollte er sagen: »Mit diesem Schurken will ich nie, nie, nie wieder etwas zu tun haben!« Die Hündin war zehn Minuten lang schwer beeindruckt, dann gingen die beiden Hunde wieder entspannt und vertrauensvoll miteinander um. Niemals versuchte sie aber wieder, Objekte zu ergattern, die ihr Gefährte für tabu erklärt hatte. Sich Respekt zu verschaffen, war für den Rüden ein hartes Stück Arbeit gewesen.

Alles im Blick. Tabus achtete Brenda aber erst, nachdem Remus seinen Willen massiv durchgesetzt hatte.

Ein Bild der Harmonie. Die wilde Phase der Katzengewöhnung ist hier längst überstanden. Aber anfangs ist Geduld gefragt.

Kleine Tiere, große Tiere

Wenn Sie Katzen halten, sollten Sie mit Ihrem Züchter vor der Übernahme Tücher mit Welpen- und Katzengeruch austauschen. So konnten sich beide Tiere schon über den Geruchssinn kennenlernen. Doch dem Hovawartkind fehlen die Geschwister zum Toben. Könnte es nicht die Katze spielerisch niederkämpfen? Mutige Miezen wehren sich. Das kann ins Auge gehen! Besser ist es, ihm die Katze zuerst in einem Transportkorb zu zeigen. Manche Samtpfoten verziehen sich auch einige Tage. Doch das Miteinander spielt sich ein. Unzählige Stubentiger und Hovawarte pflegen tolle Freundschaften.

Ob Meerschweinchen, Zwergkaninchen, Wüstenspringmäuse, Schildkröten oder Stubenvögel: Wilde Annäherungsversuche werden unterbunden, freundliches Schnuppern und Wedeln gelobt. Gehören Groß- oder Nutztiere zum Hausstand, geht die Gewöhnung weiter.

Vorsicht: Die Lebendigkeit eines Hovawarts kann Pferde auf der Weide und im Stall nervös machen. Das bezahlte schon mancher Hund mit dem Leben. Sie müssen deshalb Ihren Hovawart in der Nähe von Pferden stets unter Kontrolle haben und den Welpen sorgfältig mit ihnen bekannt machen.

Ob das gut geht? Ja! Diese junge Hündin lebt in großer Eintracht mit der Katze zusammen und weiß genau, was sie sich bei ihr erlauben kann.

EINFACH TIERISCH

Ich habe schon viel mit Hunden erlebt und war mutig, was die Zusammenstellung des eigenen Rudels betraf. Aber eines habe ich mir bislang nie getraut: auch noch eine Katze in die Hausgemeinschaft zu integrieren. Dabei gab ich als Züchterin schon oft Hovawartwelpen in Katzenhaushalte ab. Nicht immer ging es auf Anhieb gut. Eine blonde Hündin aus unserer Zucht zog sich im Alter von knapp neun Wochen kurz nach ihrer Ankunft im neuen Zuhause eine Verletzung der Hornhaut zu und musste umgehend einem Augenspezialisten vorgestellt werden.

Sie hatte versucht, den Stubentiger wie einen Geschwisterwelpen nieder zu raufen! Die schnelle Behandlung verhinderten zum Glück eine

Infektion. Doch sie hatte die Lektion verstanden: Die einst so übermütige Hündin lebte 13 Jahre lang harmonisch mit der Katze unter einem Dach. Nur eine kleine Narbe auf der Hornhaut erinnerte zeitlebens an die Attacke, die sie sich selbst zuzuschreiben hatte.

Anders verlief das Kennenlernen der Katzen bei einem schwarzmarkenen Sohn unserer Brenda. Der Kleine zog zu Züchtern von wunderschönen Rassekatzen und sah sich beim Einzug einem richtigen Tribunal gegenüber: Sieben plüschige Stubentiger bildeten im Flur einen undurchdringlichen Halbkreis und maunzten im Chor mit im Takt zuckenden Katzenschwänzen: »Du kommst hier nicht rein! Du kommst hier nicht rein! Du kommst ...!«

Doch schnell spielte sich alles ein. Einmal bekamen wir allerdings ein Video mit Kampfszenen geschickt, das uns den Atem stocken ließ: »Alles im grünen Bereich, die spielen nur!«, kommentierte die coole Katzenzüchterin damals unseren Aufschrei der Besorgnis, denn eine Katze verschwand völlig unter dem wie entfesselt (aber doch kontrolliert) tobenden Junghovawart.

Einmal erschraken seine Besitzer aber selbst: Ihre weiße Katze hatte vor ihnen gestanden, völlig blutverschmiert im pelzigen Gesicht, doch bester Laune. Was war passiert? Der junge Rüde, mitten im Zahnwechsel, hatte den Katzenkopf in den Fang genommen und ein paar juckende, ausfallende Milchzähne am weichen Haarschopf abgerieben ... Später hatte der zweisprachig aufgewachsene Rüde nur ein Problem: Er wollte nicht ohne sein zu Hause gut betreutes Katzenrudel in den Urlaub fahren und trauerte, weil er von seinen Miezen getrennt worden war! Eines ist sicher: Wer Hund und Katze gemeinsam hält, wird tierisch was erleben. Ich bleibe trotzdem feige.

AUSGEFLATTERT ...

Als unser Rüde Remus etwa fünf Monate alt war, hatten wir fahrlässig unseren uralten Kanarienvogel Henry aus dem Bauer gelassen, dem unsere blonde Hündin nie etwas getan hatte. Plötzlich landete der gelb-braune Vogel behäbig wie ein überladener Hubschrauber einen Meter vor dem Junghund auf dem Teppich!
Ein Schrei von uns, ein Mäusesprung, und der junge Hovawart hatte den armen Vogel im Fang. Er ließ ihn zwar sofort wieder los, und eine Verletzung war nicht erkennbar, doch die Beute überlebte den Angriff leider dennoch nicht. Ironie des Schicksals: Während eines Besuchs bei meiner Schwester nebenan, die Harry, den Bruder jenes Kanarienvogels besaß, ließen wir Remus aus unerfindlichen Gründen in ihrem Wohnzimmer und gingen ohne ihn in den Garten. Was wir nicht bedacht hatten: Der Vogelkäfig stand offen. Als wir zurückkamen, begrüßte uns Remus sehr aufgeregt und umtänzelte uns beschwichtigend. Was war passiert? Im Wohnzimmer sahen wir erst nichts. Bis unser Blick in Richtung Fensterbank ging. Remus hatte nach seinem ersten Jagderfolg bei uns anscheinend ausdauernd den herumflatternden nächsten Kanarienvogel verfolgt. Der war irgendwann entkräftet im Blumenfenster notgelandet. Mitten in einem großen, stacheligen Kaktus! Den Rüden traf keine Schuld. Aber wir Menschen hatten durch unsere Unachtsamkeit nun zwei Kanarienvögel auf dem Gewissen ...

Dass der junge Remus (rechts) zwei Kanarienvögel erlegte, war ihm nicht anzulasten. Wir Menschen waren einfach nicht achtsam genug gewesen ...

Nach der Übernahme bekommt der Welpe das vertraute Aufzuchtfutter.

Fütterung und Gesundheit

Die Qual der Futterwahl

In den ersten Wochen sollten Sie das Aufzuchtfutter des Züchters verwenden, um Verdauungsprobleme zu umgehen. Für den heranwachsenden Hovawart kommt ein hochwertiges Trockenfutter für Welpen- und Junghunde in Betracht, das für die Wachstumsphase großer Rassen konzipiert wurde.

Alle Produkte haben Anhänger und Gegner. Eine Orientierung bieten Kundenbewertungen im Internet. Bitten Sie Hundefreunde, den Hundetrainer, Ihren Tierarzt und den Züchter um Empfehlungen. Fertigfutter lässt sich mit gekochten Kartoffeln und Möhren, Reis, Fisch, Rind- und Geflügelfleisch, Kräutern und hartgekochten Eiern aufwerten. Keine Vitamin- und Mineralstoffpräparate ergänzen, wenn Sie eine ausgewogene Vollnahrung füttern!

Fütterungstrend BARF

Das Bedürfnis, Hunde naturnah zu füttern, ließ das Barfen (BARF: Biologisch artgerechtes Rohfutter) immer beliebter werden. Kurz gesagt wird dabei ungegartes Fleisch mit zerkleinertem Gemüse, Obst, Kräutern, Ölen und Mineralstoff-Vitaminmischungen angereichert. Außerdem bekommt der Hund Knochen zur Gebissstärkung und Beschäftigung, sinnvoll auch für Überdrehte, denn das Kauen beruhigt. Weitere Vorteile: Es landen keine Konservierungs- und Aromastoffe im Napf.

Es gibt außerdem Fütterungsmischformen, bei denen rohes Fleisch mit Gemüse- und Getreideflocken sowie Mineralien kombiniert wird. Wichtig ist die Nährstoffbilanz. Ich kenne sowohl Hovawarte, die ihr Leben lang mit hochwertigem Fertig- als auch mit Frischfutter (oder beidem) gesund und fit blieben.

Letztlich sollte nicht nur Ihrem Hund, sondern auch Ihnen die gewählte Fütterungsform zusagen.

Der Welpe im Zahnwechsel

Ihr Welpe kam mit 28 Milchzähnen zu Ihnen. Sein Zahnwechsel beginnt etwa in der 14. Lebenswoche. Verzichten Sie in dieser Phase auf Zerrspiele. Üben Sie die Gebisskontrolle jetzt nur ganz kurz und besonders sanft. Möglicherweise ist er unpässlich, weinerlich und hat wenig Appetit. Viele Welpen ziehen im Zahnwechsel die Behänge zurück. Anderen tränen die Augen und/oder sie speicheln. Ausgefallene Milchzähne werden oft geschluckt und verschwinden im Verdauungstrakt. Homöopathische Gaben, das Knabbern roher Möhren oder weiche Zahnpflegespielzeuge erleichtern das Zahnen. Mit sechs Monaten sollte Ihr Junghund ein komplettes Scherengebiss mit 42 Zähnen besitzen.

KLEINE GRÄFIN DRACULA

Da der junge Hovawart viel erleben soll, nahm ich unsere erste Hündin Asla öfter mit in die beschauliche Gemeindebibliothek unseres Ortes. So auch, als sich ihre Welpenzeit dem Ende zuneigte. Gerade war ich mit ihr zwischen den Romanregalen unterwegs, als ich vor interessanten Bänden stehen blieb. Asla würgte plötzlich etwas, schleckte sich den Fang und spuckte mir dann mit einem Mal einen blutigen Fangzahn genau vor die Füße! Entgeistert starrte ich auf das Malheurs. Was nun? Ich hatte keine Papiertaschentücher dabei, aber den Zahn einfach mitten auf dem Eichenparkett liegen lassen? Kein anderer Bücherfreund weit und breit. Gab es hier Überwachungskameras? Verstohlen schob ich den Zahn mit dem Schuh unter das Regal. Noch heute habe ich ein schlechtes Gewissen und überlege, was sich wohl die Putzfrau beim Finden gedacht haben könnte. Ob sich das Zahnen meiner kleinen Gräfin Dracula gerade in der Abteilung mit den Vampirromanen vollzogen haben könnte? Eine Hundefreundin ließ sich den gefundenen Milchfangzahn ihrer blonden Hündin in Gold fassen. Ein Kettenanhänger, der sie noch heute an ihre geliebte Coco erinnert. Eine verrückte Idee. Aber moralisch einwandfrei.

Ist die kleine Asla schon im Zahnwechsel? Falls ja, wäre dieses Spiel ein echter Anfängerfehler von mir gewesen. Die illegale Entsorgung ihres blutigen Fangzahns verfolgt mich bis heute.

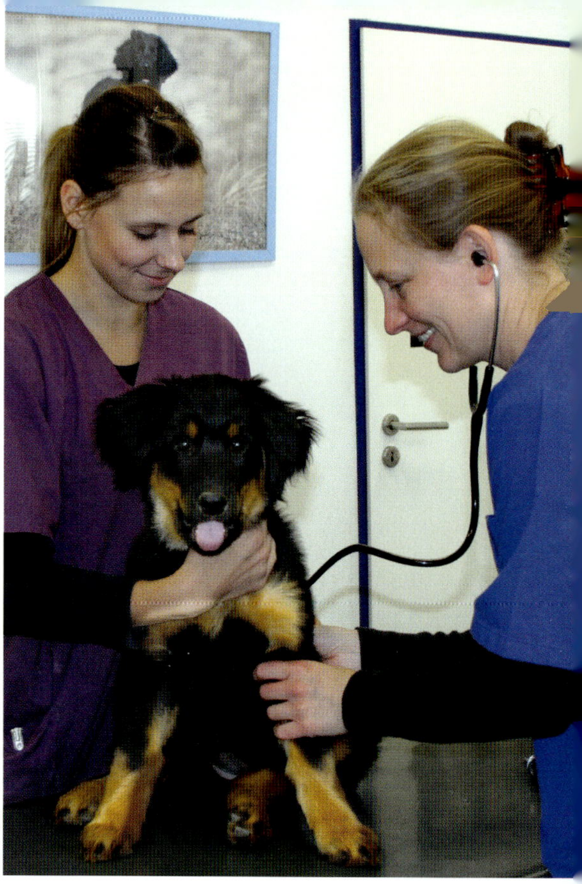

Ganz entspannt bei der Frau Doktor. In der Tierarztpraxis sollte anfangs nichts passieren, was den Welpen verunsichern könnte.

Körperpflege und -kontrolle

Auf dem Trainingsplan Ihres Hundekindes stehen auch Pflegemaßnahmen. Das Grooming festigt die Bindung durch die Ausschüttung des Hormons Oxytocin und beruhigt. Ihr Pelzträger entzieht sich aber gerne, wenn Sie beim Bürsten, Kämmen oder der Gebisskontrolle zu zögerlich sind. Üben Sie deshalb »Wartungsarbeiten« am schläfrigen, satten Hund nach dem Lösen ruhig und souverän. Setzen Sie ihn dazu auch mal auf einen stabilen Tisch mit rutschfester Unterlage. Stillhalten wird mit Lob und Leckerchen bestätigt. Sie bestimmen Anfang und Ende der Übung, die anfangs nur Sekunden dauert. Zappelt der Welpe, dauert das Prozedere allerdings einen Augenblick länger, sonst lernt er: Damit komme ich durch! Außerdem ratsam: ein Schnuppertermin beim Tierarzt, bei dem die Praxis fröhlich erkundet wird.

Geboren im April 2014. Wer einen Welpen aus diesem Wurf übernahm, bekam noch den herkömmlichen EU-Heimtierausweis. Seit Ende 2014 wird Welpenkäufern die neue Version übergeben.

NEUER EU-HEIMTIERAUSWEIS

Seit Ende 2014 bekommen Sie vom Züchter zusammen mit ihrem Welpen einen neuen EU-Heimtierausweis ausgehändigt. Er enthält neben zusätzlichen Angaben etwa zum ausstellenden Tierarzt nun auch zwei laminierte Seiten (jene mit dem Chipnummer-Aufkleber und mit den Tollwut-Impf-Aufklebern) und muss sowohl vom Tierhalter als auch vom Tierarzt unterschrieben werden. Falls der EU-Heimtierausweis Ihres Hovawarts vorm 29.12.2014 ausgestellt wurde, brauchen Sie nichts zu tun. Das Dokument bleibt bis zum Ableben Ihres Hundes gültig.

Impfen und vorbeugen

In der zwölften Lebenswoche wird der Welpe in Deutschland gegen Parvovirose, Leptospirose, Hepatitis, Staupe und Tollwut geimpft.
Das Nachimpfen in der 16. Lebenswoche sichert den Impferfolg ab. Mit 15 Monaten hat Ihr Hund den nächsten Impftermin. Fragen Sie Ihren Tierarzt, was er von **Impfungen** gegen Zwingerhusten und Borreliose hält. Ebenso, welche Impfintervalle Sie nach der abgeschlossenen Grundimmunisierung einhalten sollen, denn manche Impfkomponenten brauchen nicht mehr jährlich aufgefrischt werden.

Der Welpe muss beim Impfen gesund und wurmfrei sein. Wie oft und wogegen entwurmt werden sollte, hängt vom Alter und von den Lebensumständen ab.

Auch junge Hunde brauchen einen guten Zeckenschutz.

Flöhe können Bandwürmer übertragen und Flohstichallergien auslösen. Es gibt verschiedene Möglichkeiten der Vorsorge und Bekämpfung. Achtung: 95 Prozent aller Flöhe sitzen nicht auf dem Hund, sondern als Brut in Fußbodenritzen, Matratzen und Liegedecken!

Zecken können Infektionskrankheiten wie die Borreliose übertragen. Entfernen Sie festsitzende Exemplare bald nach dem Entdecken, ohne sie zu quetschen. Am besten ist die Vorsorge, etwa durch Spot-ons.

Planen Sie eine Hundereise ins südliche und südöstliche Ausland, fragen Sie Ihren Tierarzt nach Vorsorgemaßnahmen, denn dort gibt es hochgefährliche **Parasiten**, etwa Sandmücken. Wird Ihr Hund mit Leishmaniose oder Herzwürmern infiziert, hat der Urlaub tragische Folgen. Manche Infektionen brechen erst Jahre später aus und werden falsch diagnostiziert. Am sichersten: Risikogebiete meiden!

Bei seinem ersten Besuch war Remus ruppig vom Tierarzt angefasst worden und ging danach voller Angst in die Praxis ...

ACHTUNG, TIERARZT!

Das Kennenlernen der Tierarztpraxis, des Tierarztes sowie seines Personals gehört zum Training einer gelassenen Einstellung Ihres neuen Hundes. Auch der Tierarzt wird an einem heranwachsenden Hovawart seine Freude haben, der die manchmal schmerzhaften Behandlungen gelassen über sich ergehen lässt – während ein gestresster Patient die Praxis voller Panik betritt.

So ein Fall war unser schwarzmarkenener Rüde, ein Hüne von 70 Zentimetern Schulterhöhe. Schon die erste Impfung war ungut verlaufen, denn der Tierarzt hatte den sensiblen Welpen viel zu ruppig untersucht. Jeder weitere Tierarztbesuch wurde zur Nervenzerreißprobe für alle Beteiligten: Gesichert mit drei Mann, zwei Halsbändern und zwei Leinen am Hund betraten wir mit Remus (selbst vor Sorge zitternd, ein großer Fehler!) die Tierarztpraxis. Der Rüde bäumte sich so auf, dass wir Angst um die gläsernen Schränke im engen Behandlungszimmer hatten. Das machte auch den Tierarzt nicht entspannter, der den Behandlungsterminen dieses vierbeinigen Patienten sicher schon mit gemischten Gefühlen entgegensah.

Erst als wir den Tierarzt in dessen Urlaub wechselten und an eine fröhliche, souveräne Kollegin gerieten, die auch die Hunde des örtlichen Tierheims betreute, war das Problem behoben. »Der Arme hat einfach Angst. Meine Sprechstundenhilfe und ich ziehen sofort die Kittel aus und behandeln ihn auf dem Boden, dann fällt auch die Unsicherheit auf dem hohen Tisch weg«, waren die ersten Worte der Tierärztin, als das zitternde Häufchen Hovawartunglück ihre Praxis betrat. Und siehe da: Der Rüde war wie verwandelt. Und wir auch. Später hörten wir von anderen Hundebesitzern, dass unser erster Tierarzt kein Faible für Hunde besessen hatte. Er betrieb zwar abends eine Kleintierpraxis, war aber tagsüber an der örtlichen Universitäts-Tierklinik beschäftigt: als Wellensittich-Spezialist!

... Der Tierarztwechsel war für ihn ein Segen.

Einfach nur flitzen! Das Vorlaufen ist nicht tragisch, aber trainieren Sie den Rückruf!

Wichtige Alltagserfahrungen

Erlaubter Liegekomfort

Kontaktliegen stärkt die Bindung. Ich finde es wundervoll, das Sofa mit meinen Hovawarten zu teilen, und fühle mich in die Anfänge der Domestikation zurückversetzt, in denen unsere Vorfahren am Lagerfeuer mit zahmen Hundeahnen kuschelten. Meine Hunde müssen aber den Platz räumen, wenn ich es will.

Vorlaufen und Rückruf

Kein Problem, wenn Ihr Welpe vor Ihnen aus der Terrassentür flitzt oder unterwegs vor Ihnen herläuft. Da Ihr Hundekind eine weit bessere Hundertmeterzeit hat als Sie, wäre es Unsinn, es stets hinter sich halten zu wollen. Doch Sie sind der Teamchef: Ordnen Sie das Warten an der Tür immer mal wie-

Der Mensch hat es buchstäblich in der Hand: Inniger Körperkontakt fördert den Aufbau einer vertrauensvollen Bindung.

Darf er auf dem Sofa liegen oder nicht? Wenn der Welpe lernt, den Platz auf Wunsch zu räumen, spricht nichts dagegen.

der an. Drehen Sie sich auf dem Spaziergang wortlos um und gehen Sie zügig in die Gegenrichtung, wenn der Kleine vorprescht. Verschwinden Sie wie vom Erdboden. So lernt Ihr »junger Wilder«, Sie im Auge zu behalten. Bauen Sie den Rückruf über das Trainieren von Aufmerksamkeit auf: Belohnen Sie Ihren pelzigen Schatz, sobald er Sie auf ein Signalwort oder seinen Namen hin ansieht.

Rufen Sie Ihren Hund auch ohne Anlass heran, reichen Sie ihm Superleckerchen und geben Sie ihn dann wieder frei. Verstecken Sie Dummys und legen Sie Spaßfährten. Der junge Hovawart konzentriert sich auf Sie und folgt Ihnen gerne.

Remus (hier ein junger Artgenosse) hatte die Ohren auf Durchzug gestellt, als er im Morgengrauen Pferdeduft in die Nase bekam. Seine Schutzengel arbeiteten auf Hochtouren!

NOCH MAL GUT GEGANGEN

Für ein zu spät begonnenes Rückruftraining zahlte ich vor vielen Jahren mit unserem Rüden beinahe Lehrgeld, und das kam so: Der erste Spaziergang des Tages fand am Stadtrand schon im Morgengrauen statt, der Schwarzmarkene, etwa 15 Wochen alt, lief ohne Leine. Plötzlich war der Hund verschwunden und reagierte nicht auf meinen Ruf, dafür hörte ich aus etwa 300 Metern Entfernung in der Nähe eines Reitstalls bald darauf eine wütende Männerstimme. So schnell ich konnte, rannte ich los. Was sich mir in der Dämmerung für ein Bild bot, ließ mir das Blut in den Adern gefrieren: Ein Pferdefreund hatte die kühlen Morgenstunden zum Longieren auf einer offenen Weide genutzt. So schnell war der braune Warmblüter sicher noch nie im Kreis galoppiert, denn an seine Fersen hatte sich begeistert mein Hundekind geheftet, das zum ersten Mal in seinem Leben ein solch aufregendes Tier aus der Nähe sah und jauchzend versuchte, die Schweifhaare zu erwischen! Der Pferdeausbilder muss sich gefühlt haben wie ein römischer Wagenlenker in »Ben Hur«, denn die ausschlagende Stute wollte als Fluchttier mit einem »Jungwolf« hinter sich natürlich nicht stehen bleiben und er hatte Mühe, sie zu halten.

Ich weiß nicht mehr, wie ich meinen wildgewordenen Welpen schließlich einfing, der zum Glück von den Hufen nicht getroffen worden war, oder was ich zur Entschuldigung vorbrachte. Eines kann ich Ihnen aber versichern: Ich wäre am liebsten im Erdboden versunken! Impulskontrolle und Rückruftraining stehen seit diesem Erlebnis der dritten Art jedenfalls ganz oben auf unserem Welpenlehrplan.

Nicht alle jungen Hovawarte steigen gleich ins kühle Nass. Wasserfreudige Artgenossen sind ein gutes Vorbild.

An Wasser gewöhnen

Viele Hovis sind Wasserratten, aber nicht jeder schwimmt oder badet gerne. Für den einen Hovawart beginnt die Badesaison bei 3°C, für den anderen bei 30°C Außentemperatur. Machen Sie Ihren Welpen schrittweise mit dem kühlen Nass vertraut. Anfangs reicht eine Pfütze. Viele Wasserscheue nehmen sich an mutigen zwei- oder vierbeinigen Kumpanen ein Beispiel. Den Skeptiker gegen seinen Willen ins Wasser zu setzen, würde dagegen die Bindung belasten und Ihren Hund stressen. Kurt F. König vermutete hinter der Wassermeidung eine allgemeine Empfindlichkeit.

Ob diese neugierige Hündin im Wasser auch so mutig ist?

Brenda ging ihr Lebtag nichts ins Meer, obwohl sie sehr wasserfreudig war. Durch unser Verhalten hatten wir ihr regelrecht davon abgeraten.

Wasserskeptiker sind unter Hovawarten ganz klar in der Minderheit.

IM KÜHLEN NASS

Unsere blonde Hündin Brenda erkundete mit etwa 12 Wochen den Garten eines Uni-Instituts, in dem sich ein zugewachsener Feuerteich befand. Mein Mann hatte sie mit in ein Seminar genommen. Ein Plumps, und sie war hineingefallen, versank vor den Augen ihres Herrchens in der trüben Brühe voller Entengrütze, tauchte aber prustend wieder auf und paddelte an den Rand. Leider bestand dieser aus einer senkrechten Betonwand! Mein Mann konnte sie gerade noch am Welpenhalsband herausziehen, im nächsten Moment wäre er hinterher gesprungen. Erstaunlicherweise nahm ihr dieses Erlebnis keineswegs die Wasserfreude. Dass die Hündin bis zum Lebensende Wellengang aber nichts abgewinnen konnte, haben wir vermutlich selbst bewirkt. Mit ihr als Junghund machten wir in der Nachsaison Urlaub auf Sylt. Am Wassersaum der Westküste sprangen wir aus Spaß immer wild kreischend vor den ankommenden Wellen davon, weil wir kein Wasser in die Gummistiefel bekommen wollten. So vermittelten wir der jungen Hündin unbewusst, sich bewegendes Wasser sei eine höchst gefährliche Angelegenheit, vor der man stets flüchten sollte.

Andere Hovawarte benutzen Gewässer nur als riesige Wassernäpfe. So auch unser Rüde Remus, der selbst im Hochsommer nur die Pfoten ins Wasser stellte, wenn er trinken wollte. Am Baden hatte er sein Lebtag nie Freude, obwohl in seinem Welpenauslauf ein Wasserbecken gestanden hatte, das durchaus ins wilde Spiel unter Geschwistern einbezogen worden war. Doch wer weiß, ob nicht eine einzige negative Erfahrung (etwa ein gleichzeitiger herzhafter Biss durch einen anderen Welpen im Bassin) ausreichte, um ihm die Wasserfreude für immer zu verleiden. Da Remus ein ausgesprochen kluger Hund war, hieß er bei uns »der Gymnasiast«. Es soll ja auch junge Menschen mit allgemeiner Hochschulreife geben, die nicht gerne schwimmen gehen.

Einen Moment lang alleine im Garten zu bleiben, ist für diesen Welpen kein Drama.

Alleinbleiben trainieren

Damit aus der Bindung keine Abhängigkeit wird, muss Ihr Welpe ans Alleinbleiben gewöhnt werden. Ich gehe für Sekunden aus dem Zimmer und hindere den Kleinen mit einem »Warte!« und durch ein Kindergitter in der Tür, mir zu folgen.

Außerdem darf er ab und zu eine Schwelle nicht übertreten, obwohl die Pforte offen steht. Ich schließe das Gartentor vor seiner Nase oder binde ihn wenige Minuten lang in meiner Nähe an und ignoriere ihn. Manche Hunde protestieren lauthals. Aber auch erfahrene Zuchthündinnen sprinten nicht wie die Irren herbei, wenn sie von ungeduldigen Welpen herbeizitiert werden. Sie wissen genau, ob die Fürsorge nötig ist oder nicht. Ich gehe zurück, sobald der Pelzige sich ruhig verhält. Dann lasse ich mich nach Mutters Art kurz von ihm feiern, um dann sofort zur Tagesordnung überzugehen.

Achtung, Treppe!

Ob u.a. Treppenlaufen Welpen schadet, wird derzeit an der Uni Jena untersucht. Fakt ist, dass auf glatten, steilen Stufen Unfallgefahr besteht. Ich versperre längere Auf- und Abgänge und trage den Welpen, bis er 20 Kilogramm wiegt. Dann locke ich ihn mit Leckerchen, die ich wortlos auf die Stufen lege, hinauf und hinunter. Traut er sich vorwärts, setzt die Bestärkung per Stimme ein. Bewährt hat sich, ihn auf längere Treppen zu stellen, mit den Armen abzusichern und hinauflaufen zu lassen. Mehrhundehalter schicken einfach den Älteren vor.

Welpen müssen auch Hunde kennenlernen, die ganz anders aussehen als ihre Verwandtschaft. Gasthunde sollten aber verträglich sein.

Die Wesensentwicklung

Viele Abenteuer bieten

Die nervenstärksten Hovawarte sind selten jene, die so abgeschieden leben, wie ihre Vorfahren im Mittelgebirge, sondern solche, die mitten in der Stadt aufwuchsen. Für milden Stress müssen Hovawartbesitzer daher besonders in ruhigen Wohnlagen sorgen. Kaufhäuser, Restaurants, Zoogeschäfte, Cafés, Tiefgaragen, Wildgehege, Fußgängerzonen, Bibliotheken – überall gibt es für den jungen Hovawart viel zu lernen. Nach Hause eingeladen werden Gäste inklusive ihrer netten Kinder und ihrer geimpften, verträglichen Vierbeiner.

Doch übertreiben Sie es nicht! Obwohl Ihr Hundekind in der Phase höchster Lernbereitschaft viel erleben sollte, braucht es viel Zeit zum Verarbeiten. Aufmerksamkeitstraining, Suchspiele, Schmuseeinheiten und Phasen ohne Ansprache sind noch wichtiger als Unternehmungen, die ihn sehr auspowern. Überforderung ließe er sich nicht anmerken. Gehen Sie mit Ihrem zwölf Wochen alten Welpen daher nicht länger als zweimal täglich eine Viertelstunde spazieren und verlängern Sie die Ausflüge von Woche zu Woche.

GEFÄHRLICHE FUSSGÄNGERZONE

Als wir vor vielen Jahren mit unserer Hovawarthündin Asla im zarten Alter von 10 Wochen den ersten Erlebnisspaziergang durch die Fußgängerzone unserer Stadt machten, rannte plötzlich ein etwa vier Jahre alter Junge hinter unserem angeleinten Welpen her und klatschte der in diesem Alter wie ein süßer Teddybär aussehenden Hündin laut kreischend vor Begeisterung die Hände auf den Rücken: Der Hund erschrak zutiefst und hatte jahrelang eine gewisse Scheu vor Kindern, obwohl unser junger Hovawart während seiner Aufzucht viel Kontakt mit den Enkeln der Züchter gehabt hatte. Ich legte in der Folgezeit meinen Weg so oft es ging an der örtlichen Grundschule vorbei und setzte mich mit der Hündin zu Füßen (ohne sie zu trösten oder beruhigende Worte zu verlieren) auf eine Bank vor dem Schulhof. In den großen Pausen wurde der Welpe in sicherer Entfernung an das schrille Kreischen und Lachen ausgelassen tobender Kinder gewöhnt. Außerdem organisierte ich viele Kontakte zu hundeverständigen Kindern, damit sich unser verunsicherter Hovawart von deren Ungefährlichkeit überzeugen konnte. Dennoch brauchte es seine Zeit, bis dieser tiefsitzende Schreck verdaut und überwunden war. Heute wüsste ich es besser und würde besonders in belebten Straßen wachsam schauen, ob sich jemand voller Begeisterung auf unseren Welpen stürzen will.

Mit einem Welpen in die City? Ja. Aber die Passanten muss man im Blick behalten, was wir beim ersten Hund verpassten. Erwachsenen Hovis wird mehr Respekt entgegengebracht.

Wie werden sie sich weiterentwickeln? Nach dem Abschied vom Züchter warten spannende Abenteuer auf diese Brüder.

Angstmomente durchlebt jeder Welpe. Wenn er den inneren Konflikt selbst lösen kann, wächst er an diesem Erfolg.

Mit dem Vertrauen wächst die Bereitschaft des Welpen, das Grundstück zu verlassen.

Normale Angstreaktionen

Angstfrei sind junge Hovawarte selbst vom besten Züchter nicht. Würden sich Wolfswelpen auf alles Neue stürzen, wäre ihr Leben bald ausgehaucht. Es kann aber auch sein, dass der Welpe in der sensiblen Phase seiner Aufzucht negative Erfahrungen machte, die er noch nicht einordnen konnte. Solche Ängste lassen sich nur schwer beheben. Auf jeden Fall braucht er Gelegenheiten, Angst und Neugier auszupendeln.

Normal ist anfangs die Weigerung, das Grundstück zu verlassen. Jungwölfe entfernen sich mit acht Wochen niemals so weit von ihrer Hohle, wie es vielen Hundewelpen abverlangt wird. Sie würden den Jagderfolg der Älteren gefährden, kämen die jungen Wölfe auf die Idee, sich ihnen anzuschließen. Achtung: Ist die Bindung zu Ihnen noch schwach, könnte der überforderte Welpe Richtung Heimat zerren oder (unangeleint) zurücklaufen! Die Mitnahme von Familienmitgliedern oder Artgenossen wirkt oft Wunder, wenn die Ortsbindung langsam nachlässt. Notfalls fahren Sie den Welpen im Auto vom Gelände. Für die Entwicklung seines Selbstvertrauens ist es aber besser, wenn er den Konflikt selbst bewältigt und sich aus eigenem Antrieb mit Ihnen immer weiter vom Gartentor entfernt.

Selbstständiges Überwinden

Was immer Ihr Welpe auch seltsam findet: Bei leichter Verunsicherung gehen Sie zügig wortlos an der Angstquelle vorbei. Beachten Sie den Hund nicht. Zeigt er starke Konfliktreaktionen, ermöglichen Sie ihm am besten die positive Neubewertung des Angstauslösers. Falsch wäre das Trösten, es würde seine Angst belohnen. Er darf sich aber auf Ihre Füße oder hinter Sie flüchten. Gehen Sie ohne Kommentar mit lockerer Körperhaltung wie ein Althund auf das Schreckgespenst zu. Sehen Sie sich ohne ihn zu locken das angebliche Ungeheuer mit dem Rücken zum Hund an. Jetzt werden der Mülleimer oder der Sperrmüllhaufen mit Trockenfisch, Pansen- oder Käsestückchen belegt.

Junge Hovawarte lassen sich in manchen Entwicklungsphasen leicht verunsichern. Knabbern und Kauen bauen Stress ab.

Machen Sie Ihren Schüchternen mit »Schau! Such!« darauf aufmerksam und loben Sie ihn, wenn er Futter nimmt. Dann gehen Sie ohne weitere Ansprache mit ihm weiter.

Zwang ist tabu. Zur Nervenbelastung durch das Angstobjekt käme Beziehungsstress hinzu. Die positive Konfliktbewältigung klappt sowieso nicht, wenn Stresshormone das Lernen blockieren. Unter Umständen prägt sich die assoziierte Gefahr sogar besonders fest im Gedächtnis ein. Führen Sie den Welpen aus der Stresssituation heraus, falls ihn die Konfliktlösung überfordert. Beim nächsten Anlauf kann ein sicherer Artgenosse als Vorbild beim Entstressen helfen.

Die Homöopathie oder D.A.P®-Duftstoffe (Dog Appeasing Pheromons, sie imitieren die beruhigenden Pheromone der Mutterhündin) können Ihr Anti-Angst-Training unterstützen. Vertrauensaufbau und Stressmanagement bleiben aber die wichtigsten Säulen der Konfliktbewältigung.

Diese Hündin darf sich davon überzeugen, dass der Blumentopf nicht beißt.

Alma kurz nach der Übernahme vom Züchter, belastend für jeden Welpen. Ein rabiater Nachbar hatte sie zusätzlich verunsichert.

DAS ÜBERWUNDENE TRAUMA

Nachdem wir unsere Alma im Alter von neun Wochen von ihren Züchtern abgeholt hatten, durfte sie natürlich auch unseren Garten erkunden. Der Neuankömmling erschrak zutiefst, als auf einmal unser riesengroßer, bärtiger Nachbar mit Hut am Grundstück stand, sich hinhockte und sie durch den Zaun hindurch grob tätschelte, bevor wir reagieren konnten. Das war zu viel für ihre Nerven. Schließlich hatte sie gerade Heimat, Mutter, Geschwister und Bezugspersonen verloren! Alma war liebevoll und mit vielen Menschenkontakten aufgezogen worden. Wir hatten sie jede Woche besucht und mein Mann kannte die Schwarzmarkene seit ihrem zweiten Lebenstag, weil er diesen Wurf als Zuchtwart betreut hatte. Dennoch erschreckte sie der übergriffige Nachbar bis ins Mark, weil sie die Bindungsabbrüche noch nicht verarbeitet hatte. Milder Stress ist ein wichtiger Entwicklungsmotor, aber die nervliche Herausforderung muss für den Welpen zu bewältigen sein. Und das war hier eindeutig nicht der Fall.

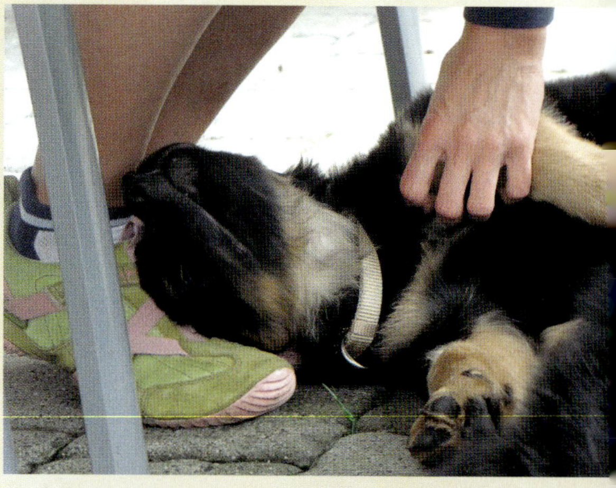

So wie dieser süße Rüde ließ sich Alma erst von Fremden durchkraulen, nachdem wir sie desensibilisiert hatten. Doch dann war ihre Unsicherheit für immer passé.

Wann immer wir Alma anschließend mit Fremden bekannt machen wollten, wich sie skeptisch zurück und ließ sich nicht anfassen. Was tun? Wir bauten auf die Hilfe unserer Hundefreunde und luden eine Woche lang jeden Nachmittag andere Zweibeiner ein, die wir vorher genau instruiert hatten: den Welpen auch bei der Begrüßung vollkommen übersehen (was angesichts des süßen Hovawartkindes die reine Folter war), mit uns in den Garten kommen, an den Tisch auf der Terrasse setzen, Kuchen essen, Kaffee trinken, fröhlich mit uns plaudern, den Welpen keines Blickes würdigen, kommentarlos Pansen aus einem Schälchen nehmen, die Hand nach unten hängen lassen. Näherte sich Alma der Hand, war es den Gästen streng verboten, darauf irgendwie zu reagieren. Ihr Mantra lautete: Der unsichere Hund erobert die Angstquelle, niemals umgekehrt. Vor diesen Terminen wurde Alma nicht gefüttert, um ihre Motivation, sich das Futter zu besorgen, zu erhöhen.

Kuchen konnten wir bald nicht mehr sehen, aber täglich machte unser Welpe größere Fortschritte. Am ersten Tag hielt Alma noch Abstand zum Tisch. Am zweiten Tag nahm sie den sehr disziplinierten Komparsen vorsichtig Pansenköder aus der Hand. Am vierten Tag freute sie sich über die Besucher im Flur, die sie jetzt mit den Pansenspenden verknüpfte, und nahm sich den Pansen schon mutiger. Am fünften Tag fraß sie wie selbstverständlich aus der fremden Hand, leckte sie ab und ließ sich nebenbei ein wenig kraulen. Am sechsten Tag brachte sie den Gästen zusätzlich Spielzeug an den Tisch. Am siebten Tag zog sie auch noch deren Schnürsenkel auf. Am achten Tag rollte der anfangs so scheue Welpe ausgelassen mit dem »Special Guest« über den Rasen, ließ sich willig knuddeln und leckte dem Hundefreund die Mundwinkel. Das Eis war gebrochen! Aus der anfangs so zurückhaltenden Hündin war ein begeisterter Menschenfan geworden. Die Helfer von damals konnten das Resultat dieser Traumatherapie kaum glauben. Bis zu ihrem Tod mit über 14 Jahren blieb die umgepolte Alma eine sichere, entspannte Menschenfreundin.

Bitte nicht wundern: Auch Welpen aus liebevoller Zucht sind nicht frei von Ängsten.

Angstquelle Mitmensch

Junge Hovawarte können trotz optimaler Aufzucht in Angstphasen fremdeln. Heikel sind Personen, die schnell oder fordernd auf den Welpen zugehen, ihn unbedingt streicheln oder auf den Arm nehmen wollen. Traumatische Erlebnisse können jahrelang Probleme bereiten. Sie müssen daher Begegnungen zulassen und gleichzeitig Ihren pelzigen Rohdiamanten vor Übergriffen schützen. Gefahrenabwehr sei Leittiersache, unterstreicht der Kynologe Günther Bloch. Ich verbitte mir nett gemeinte, aber bedrohliche Gesten und erkläre die Situation aus Hundesicht.

Autofahren? Nein, danke!

Stressen Ihren Welpen Autofahren, überlagern Sie negative Verknüpfungen mit angenehmen Erfahrungen. Sie ermöglichen Ihrem Hund wieder die emotionale Neubewertung. Im stehenden PKW darf er Futter suchen, mit Ihnen kuscheln, Knochen beknabbern ... Tut er etwas Angenehmes, lassen Sie kurz den Motor an. Der nächste Schritt: Das Auto rollt einige Meter. Auch ein autosicherer Artgenossen und die Schlafdecke entspannen. Fahren Sie täglich nur wenige Kilometer in langsamem Tempo. Vorher bitte nicht füttern, damit Ihrem Welpen nicht übel wird. Kurven bitte nehmen, als würden Sie rohe Eier transportieren. Am Zielort warten freundliche Hunde oder eine geliebte Bezugsperson. Der junge Hovawart darf das Auto aber nicht auf eigene Faust verlassen. Lassen Sie ihn ein paar Sekunden (»Warte!«) ausharren. Heben Sie ihn heraus, wenn er sich entspannt.

Na, wie mache ich das? Auch das Autotraining gehört auf den Stundenplan.

Die Grunderziehung

Die Stimmungsübertragung

Hovawarte sind sensibel und haben feine Antennen für Stimmungen. Ihr Hund und Sie stecken sich ständig gegenseitig mit Emotionen an. Ist sein Anführer ärgerlich, ungeduldig oder hektisch, überträgt sich dessen für den Hund riech- und sichtbare Gereiztheit und verunsichert ihn. Lernerfolg ausgeschlossen. Und schon geht gar nichts mehr. Strahlt sein Vorbild wie damals die Mutterhündin dagegen Gelassenheit, Ruhe und Vertrauen aus, entspannen sich Hund und Mensch durch biochemische Vorgänge im Körper gleichermaßen. Die Ausschüttung von Stresshormonen wird reduziert, der Hund macht begeistert mit. Wie Ihr Hovawart eine Situation bewertet und reagiert, hängt also nicht zuletzt von der Atmosphäre zwischen Ihnen ab. Werden Sie zum geschickten Gefühlsmanager!

Eine Begrüßungsgeste, die unsichere Welpen stressen kann. Die Stimmung macht`s! Der blonde Welpe ist voller Vertrauen.

Wenn Sie die wichtigsten Erziehungsgrundsätze beachten, wachsen Sie und Ihr neuer Hund schnell zusammen und Ihr Welpe arbeitet gerne mit.

Freude am Üben vermitteln

Die meisten Hovawarte sind arbeitslose Hochleistungswächter ohne Bauernhof. Ein großer Teil aller Verhaltensprobleme beruht auf mangelnder Auslastung oder falschen Lernverknüpfungen. Beugen Sie Hundefrust vor, indem Sie sich mit Ihrem Hovi intensiv beschäftigen und viel mit ihm spielen. Das lastet ihn aus, stärkt den Bindungsaufbau, fördert sein Selbstvertrauen und die Verständigung. Ihr Hundeschüler verinnerlicht so in Windeseile alle Lektionen, wenn Sie sie oft wiederholen, immer dieselben Hör- und Sichtzeichen benutzen und eine klare Körpersprache haben. Bauen Sie das Üben in den Alltag ein. Das meint weder Frühdrill noch Dauerbespaßung! Phasen, in denen (anscheinend) nichts passiert oder Sie kuscheln, sind für die Wesensentwicklung ebenso wichtig. Ihr Hund lernt (wie Sie) in jedem wachen Moment!

Ignorieren Sie kleine Missgeschicke und heben Sie Kommandos mit einem Signalwort wieder auf. Üben Sie kurz, enden Sie, wenn Ihr Hund Spaß hat, entwi-

So ist es richtig: Machen Sie sich klein und vermitteln Sie dem Hundekind körpersprachlich Sicherheit statt Angst.

Wenn Welpen bereits beim Züchter lernen, dass die Zusammenarbeit mit Menschen Spaß macht, haben es ihre neuen Zweibeiner leichter.

ckeln Sie ein gutes Timing beim positiven Verstärken und nutzen Sie dabei Stimme, Körpersprache, Leckerchen und Spielzeug. Schnelle Erfolge erreichen Sie mit dem Clicker. Das Knacken kündigt eine sofortige Belohnung an und signalisiert dem Hund, dass er etwas prima macht. Das motiviert Ihren Hochbegabten und sorgt dafür, dass er sich immer öfter wunschgemäß verhält. Ob mit oder ohne Click, machen Sie ihm deutlich: Kooperieren macht Spaß und du kannst dir sogar Futter dazuverdienen!

Verzichten Sie beim Training auf Bestrafungen. Wie soll Ihr Hundekind sicher durchs Leben gehen und seine Körungen bestehen, wenn Sie ihm Angst einjagen und sein Gehirn mit Stresshormonen überschwemmen? Die positive Verstärkung gibt ihm dagegen Sicherheit. Wie Sie welche Übungen vermitteln, lernen Sie bei einem guten Hundetrainer, in einem modern arbeitenden Hundesportverein oder in einer kompetenten Hundeschule. RZV und HZD betreiben zudem bundesweit eigene Hundeplätze.

Sitz! Fein! Sie haben schon bei ihrem Züchter das kleine Einmaleins gelernt!

Welpenspielstunden besuchen

Ihrem Welpen fehlen Mutter und Geschwister zum Weiterüben des Sozialverhaltens. Er muss dringend mit Artgenossen ähnlicher Reife spielen – und zwar nicht nur mit gleichaltrigen Hovawarten auf dem Übungsplatz des Rassezuchtvereins.

Erwachsene Hunde im Haus oder nebenan reichen ebenfalls nicht aus. Er braucht Kontakt zu unterschiedlichen Rassehunden und Mischlingen in seinem Alter. In Welpenspielgruppen treffen sich Hundebesitzer mit ihren Tieren zum angeleiteten Spiel, zu Ausflügen, Pflege- und Erziehungsübungen. Für die Wesensentwicklung Ihres Hundes sind solche Angebote, kompetente Leiter vorausgesetzt, ein Segen. Steigen Sie ein, wenn Ihr Welpe seit einer Woche bei Ihnen ist. Beim ersten Termin sind Hovawartwelpen selten die Mutigsten.

Nur keine Angst, das wird schon ...

Und wer tobt mit mir? Da hinten kommt mein Freund!

Beim Welpentreffen lernt auch der Zweibeiner ...

Andere Hunde, andere Sitten!.

Drängen Sie den Kleinen nicht, falls er sich anfangs etwas beeindruckt zeigt. Beim nächsten Termin taut er dann richtig auf. Und bei den Erziehungseinheiten gilt er bald als Musterschüler.

Ihr Hovawart muss außerdem gut sozialisierte, gesunde, geimpfte, erwachsene Hunde verschiedener Schulterhöhen, Felltypen, Farben, Altersklassen und Rassen treffen. Doch Vorsicht vor rüpelhaften Junghunden, die ihn verunsichern könnten und über den Haufen rennen! Mit vier Monaten ist der ehemals Kleine selbst zu groß und zu wild, um mit den Minis zu spielen. Ab in die Junghundegruppe!

Das riecht hier ja richtig gut ...

Ich gehe jetzt in die Hundeschule!

Zwei echte Musterschüler.

Es scheppert gewaltig, na und?

Vorhang auf!

Tänzchen gefällig?

Lustig, das macht mir gar nichts aus!

Manche Welpen sehen hier ja echt komisch aus …

Ich gehe bald mit meiner Schwester in eine Welpenspielgruppe!

Muss er mal? Hinter Wildheit stecken oft dringende Geschäfte.

Den Wildfang bändigen

Die berühmten »fünf Minuten«

Das Hundekind macht Fortschritte, aber seine innere Gestimmtheit entspricht nicht immer der Ihren. Obacht, wenn Ihr pelziger Schüler Sie beim Leinentraining anspringt und zwickt, in die Leine beißt und sie totschüttelt. Lässt seine Konzentration nach, haben Sie die Lektion vermutlich zu lange ausgedehnt oder gaben Ihrem Hund vorher zu wenig Gelegenheit, sich auszutoben und/oder zu lösen. Möglicherweise haben Sie auch zu lange geübt oder unbewusst Druck aufgebaut und der Welpe reagiert seine Anspannung ab. Bedenken Sie, dass er sich nur Sekunden auf Sie konzentrieren kann. Ist Ihr Welpe überreizt? Rennanfälle können ein Stressventil sein.

Steckt pure Ausgelassenheit dahinter, steigen Sie ins Spielgeschehen ein. Falls der Flitzanfall nach dem Füttern droht, können Sie im Zeitlupentempo Spielzeug vor seinen Augen verstecken, Hundekuchen in Zeitungspapier wickeln, mit einer Brötchentüte knistern oder einen (fast) leeren Quarkbecher spendieren.

Achtung: Hovis lernen schnell Handlungsketten auswendig. Wenn Sie zu durchschaubar agieren, flitzt Ihr kleiner Einstein bald nur herum, um Sie zum Herausrücken von Köstlichkeiten zu animieren. Hovawarte sind geniale Menschenerzieher!

Übersprudelnde Lebenslust

»Wo ist bei diesem Hund nur der Aus-Knopf?«, stöhnen viele Junghundhalter erschöpft. Den Schalter finden Sie, wenn Sie ihm bei der Impulskontrolle das Stopp-Schild zeigen, seine Energie umlenken und Ruhe durch eine Begrenzung seines Freiraumes verordnen. Ich halte den jungen Flitzer zwei Sekunden mit dem Wort »Schluss!« fest, lobe seinen Ruhemoment, gebe ihn frei und lenke seine Aufmerksamkeit sofort auf eine erwünschte Handlung. Alternativ verlasse ich zügig den Raum. Das erhitzte Gemüt kühlt ab, weil ich zu wichtigeren Dingen nach meinem Plan übergehe. Damit ist aber nicht gemeint, dass jeder Temperamentsausbruch unterbunden werden sollte!

Spielen Sie ruhig rau mit ihm, bieten Sie ihm vor und nach dem Zahnwechsel Zerrspiele an, greifen Sie Ihrem Hund herzhaft ins Fell, liegen Sie mit ihm am Boden, rempeln Sie ihn lachend an, halten Sie

Rück den Stock raus, Opa! Gleich flitzt der Welpe los und bellt. Hovawartwelpen platzen vor Energie.

ihn kurz in der Rückenlage. Spielen zeichnet sich durch den Rollentausch aus. Sie dürfen deshalb auch »verlieren«, wenn die Beziehung harmonisch ist. Tabu sind ruppiges Beißen in Ihre Extremitäten und knurrendes Totschütteln Ihrer Kleidung. Weder die Mutter Ihres Welpen noch seine Geschwister ließen sich das Perforieren ihrer Haut durch seine Milchzähne gefallen. Sagen Sie laut »Aua!«; stehen Sie sofort auf und erstarren Sie, ohne ihn anzusehen. Bieten Sie ihm dann eine Alternative an. Sein Plüschtier darf er quälen, Sie nicht! Brechen Sie das Spiel ab, wenn der Welpe sich in seine Attacken hineinsteigert und gehen Sie mit ihm in den Garten, vielleicht muss er sich dringend lösen. Egal, was hilft: Lassen Sie sich nicht von Ihrem Zwölf-Kilo-Wildfang beeindrucken. Er wird Ihre Souveränität mit vertrauensvoller Gefolgschaft danken. Seine Mutter wäre stolz auf Sie!

Er bleibt völlig cool. Mit fast zwölf Jahren lässt sich dieser Senior längst nicht mehr aus der Ruhe bringen.

Ich mag dich! Feuchte Küsse inbegriffen.

Ganz ruhig! Kühlen Sie Ihren Welpen geschickt herunter, wenn die Pferde mit ihm durchgehen.

Blondes Vorbild: Gartenobservation nach Art des Hauses.

Schnittige Kurvenlage. An der Seite der Hündin wächst der Welpe quasi zweisprachig auf.

Die Lust am Anspringen

Hinter dem begrüßenden Anspringen steckt eine kindliche Bettelgeste: Ihr Hund will an Ihren Mundwinkeln lecken und Sie zum Hervorwürgen von Futterbrei bewegen. Gleichzeitig erkennt er damit Ihren hohen Status an. Junge Hovawarte fließen so über vor Begeisterung, dass das Ignorieren des Anspringens selten klappt. Sie werden eher immer hemmungsloser. Bieten Sie eine Alternativhandlung an: Sie können Leckerchen knapp über den Boden halten, Brocken aufs Hundelager streuen, ihm ein Plüschtier oder eine

Herrchen ist echt nett, aber beißen darf ich ihn leider nicht.

Diese schwarze Hündin hat ganz schnell gelernt, dass sich ihr Kumpel nicht alles gefallen lässt.

Papprolle anbieten. Ich wende in der Hocke den Kopf ab und lasse mir huldvoll wie die Hundemutter kurz den Hals abschlecken.

Seine Geste wütend zurückzuweisen, würde bewirken, dass der Hund noch weiter aufdreht, um Sie zu beschwichtigen. Achtung: Das Anspringen in der Pubertät kann eine Provokationsgeste zur Statusklärung sein oder dem Spannungsabbau dienen. Bitten Sie Nachbarn, Passanten und Familienmitglieder, das Anspringen in keinem Alter durch Lachen, Streicheln oder Futter zu belohnen.

Verteidigung von Futter

Traurig, aber wahr: Manche Leute verlassen die Küche, sobald ihr Hund am Napf knurrt. Grummelt Ihr Hovawartzwerg beim Fressen, ist er nicht dominant, sondern gestresst. Er befürchtet, Sie könnten ihm sein Futter streitig machen. Früher musste er sich so gegen seine Geschwister durchsetzen. Trotzdem darf er seine Ressourcen nicht gegen Sie verteidigen.

Das Knurren am Napf ist kein Zeichen von Dominanz, sondern von Stress. Ruhige Tauschgeschäfte entspannen die Lage.

Bringen Sie Ihrem Welpen bei, dass ihm keine Nachteile drohen, im Gegenteil: Geben Sie mit Worten wie »Guck mal! Mhh«! etwas Olivenöl, Joghurt oder Käse in den Napf. Nehmen Sie ihm Snacks oder Knochen mit freundlichen Worten ab und bestreichen Sie sie mit etwas Fleischsoße oder Sahne, dann bekommt er die Beute zurück. Wichtig ist, das Wegnehmen nicht zu übertreiben und keine Spannung aufzubauen. Aus dem Futtertausch soll keine konfliktträchtige Inszenierung werden. Füttern Sie kleine Futtermengen während der Mahlzeit direkt aus der Hand, um sich als Fürsorgegarant zu betätigen. Mit diesem Begriff beschreibt der Kynologe Heinz Weidt die Rolle des Menschen vortrefflich. Ist der Grundgehorsam gut verankert, können Sie Ihren Hund kurz vorm Napf absitzen lassen, bevor er fressen darf. Strenge ist aber fehl am Platze. Bleiben Sie locker und verhalten Sie sich beim Füttern unbeeindruckt wie eine Hundemutter.

Mundraub verhindern

Viele Hovawarte klauen wie die Raben. Räumen Sie alles Ess- und Fressbare aus der Reichweite des Welpen, um keinen Raubzug zu riskieren. Erfolgserlebnisse wirken selbstbelohnend und beglückend; ein erfolgreicher Hund klaut immer wieder. Der dickfellige Dieb riskiert lieber Ärger, als sich den nächsten guten Happen entgehen zu lassen. Füttern Sie Ihren Hund nie vom Tisch, um ihn nicht auf die Ideen der Selbstbedienung zu bringen. Was oben steht, gehört Ihnen! Betteln wird stoisch ignoriert. Werden Sie beim Essen bedrängt, versuchen Sie es erst mit Ignoranz. Wirkt das partout nicht, ziehen Sie wie Mama Hovawart die Lefzen hoch, nehmen eine versteifte Körperhaltung ein und knurren dumpf. Er testet nämlich aus, wodurch Sie weich werden. Hilft ein niedliches Schieflegen des Kopfes? Reagieren Sie schneller, wenn er Ihnen den Fang bleischwer aufs Knie legt? Wirken bei Ihnen Pföteln oder ein lustiges Aufforderungsbellen? Ihr Hovawart führt eine innere Strichliste. Und er weiß im Nu, ob Sie sich leicht manipulieren lassen oder nicht.

Neugier und Zerstörungswut

Hovawartwelpen steigen in Schränke, quetschen sich in Kommoden oder wollen wissen, was im Bettkasten liegt. Möchte Ihr Welpe etwas erkunden, sollten Sie ihn darin bestärken, wenn es zu verantworten ist. Explorationsverhalten nützt der Wesensentwicklung, ist ein Zeichen innerer Gelöstheit und wird auf Körveranstaltungen getestet. Das Kontrollieren von Interessantem ist eben typisch für Hofhunde – auch ohne Hof.

Ihr Hovawartwelpe wird vor allem im Zahnwechsel in Ihrem Haushalt diverse Materialtests durchführen, die die Ausschüttung von glücklich machenden Botenstoffen im Gehirn bewirken. Ob das »Ausweiden« von Sofakissen, das Totschütteln von Bettvorlegern, das Anfressen von Holzstufen oder das Herausknabbern von Handytasten: Wie PD Dr. Udo Gansloßer unterstreicht, steigern solche Aktionen die Bereitschaft, sie immer wieder auszuführen, denn hier ist der Botenstoff Dopamin im Spiel. Ein machtvoller Lernprozess! Stellen Sie Regale zu und räumen Sie Kostbarkeiten weg. Bieten Sie Opferobjekte an, die der Welpe zerstören oder beknabbern darf. Auch quietschende Spielzeuge sind zum Abreagieren geeignet. Die Ansicht mancher Hundetrainer, die jammernde Ersatzbeute würde den Hund enthemmen, sah ich bei meinen Hovawarten bislang nicht bestätigt.

Abreagieren, bitte! Pappkartons sind beliebte Opfergaben, wenn die Kaulust so richtig ausbricht.

LEBENSRETTER SAUERKRAUT

Die Neugier eines Hovawartwelpen kann gefährlich für ihn werden. So wie im Fall einer blonden Hündin, die begeistert die zu Besuch kommende Mutter ihrer Besitzerin begrüßte und abends noch ein wenig alleine im Wohnzimmer war, wobei sich niemand etwas dachte. Mutter und Tochter hatten dort zusammen genäht und ihren Arbeitsplatz noch nicht aufgeräumt. Am nächsten Morgen fand die Welpenhalterin das Nadelkissen zerfetzt auf dem Boden liegen. Sie wusste genau, dass darauf noch sechs Nadeln gesteckt hatten, und diese waren: weg! Der Teppichboden wurde gründlich abgesucht, doch die Steckadeln blieben verschwunden. In der Tierklinik verschaffte ein Röntgenbild Klarheit: Die Stecknadeln waren tatsächlich unterwegs durch den Verdauungstrakt der Hündin. Eine Operation wäre zu riskant gewesen, statt dessen empfahl der Tierarzt ein altes Hausmittel: Der Welpe (dem es bestens ging) bekam eine Woche lang seine Hauptmahlzeit mit gekochtem Sauerkraut serviert. Um den Geschmack zu verbessern, wurde das Menü mit Rindergulasch angereichert. Der Sinn der Sache: Die langen Sauerkrautfasern wickeln sich im Magen um spitze Gegenstände herum und schirmen sie von den Magen- und später von den Darmwänden ab. So werden innere Verletzungen vermieden. Jeder Kothaufen der neugierigen Hündin wurde nach dem Sauerkrautfressen eingesammelt und zu Hause mit Latexhandschuhen akribisch auseinandergenommen.

Alle Stecknadeln fanden sich wieder an, sie hatten – mit dem schweren, runden Kunststoffkopf voran – ihren Weg tatsächlich nach draußen gefunden. Die Erleichterung der Besitzer war groß. Ob die gerettete Hündin zeitlebens eine besondere Vorliebe für Sauerkraut hatte, ist nicht überliefert.

Hovawarte wollen unbedingt alles Neue in ihrer Umgebung kontrollieren. Der anschließende Materialtest kann riskant sein.

Diese junge Hündin erwies sich als sehr erkundungsfreudig. Das war nicht ungefährlich. Sauerkraut rettete ihr vielleicht sogar das Leben.

Vom 5. bis zum 24. Monat

III. Das Flegelalter

In diesem Kapitel

Fütterung und Gesundheit
Die Hormone regen sich
Der labile Teenager
Weichen stellen im Hundesport
Ausbildung für humanitäre Zwecke
Beschäftigung im Alltag
Einstieg ins Zucht- und Schauwesen

Körperliche Veränderungen

Äußerlich erkennen Sie den ungefähren Beginn der Pubertät am vollzogenen Zahnwechsel. Das plüschige Welpenfell ist einer glatten oder leicht gewellten Haarpracht mit glänzendem Deckhaar gewichen. Noch ist die Befederung an der Rückseite der Vorderläufe, unterm Bauch, an der Rute und an den »Hosen« dürftig. Blonde Hovawarte sind nachgedunkelt. Bei schwächer gezeichneten Schwarzmarkenen sehen die Marken am Fang, an der Kehle und über den Augen nun klarer oder größer aus. Eine imposante Schönheit ist Ihr Hovawart in der Pubertät nicht: Sein Körperbau ist schlacksig, die Proportionen stimmen nicht. Die Kruppe wirkt überbaut. Keine Spur von breiter Brust. Auch das Gangwerk macht noch keinen eleganten Eindruck. Jetzt wiegt Ihr Hund schon über 20 Kilogramm. Erwachsen ist Ihr Spätentwickler aber noch lange nicht.

EINE ECHTE EXPERTIN

Als mein Mann und ich, noch blutige Anfänger, vor mehr als 30 Jahren mit unserer blonden Hündin Asla durch die Göttinger Fußgängerzone flanierten, sprach uns eine Frau an. Wir, stolz wie Oskar, rechneten fest mit einer Lobeshymne angesichts unserer hübschen Backfischs, damals etwa sechs Monate alt. Doch statt dessen wies die Frau unsere Behauptung, einen reinrassigen Hovi an der Leine zu haben, energisch zurück. »Was? Ein Hovawart? Mit Papieren? Niemals! Der hat ja gar keine Haare an den Beinen. Und dieses dünne Rattenschwänzchen. Und gucken Sie mal, wie überbaut der hinten ist. Da passt ja rein gar nichts zusammen. Da hat man Sie glatt über den Tisch gezogen und Ihnen für viel Geld `nen Mischling verkauft, haha!« Uns traf fast der Schlag! Konnte die Frau Recht haben? Unsinn! Ein Jahr später war unser – in den Augen der Passantin – hässliches Entlein zu einem schönen Schwan geworden. Mit reichlich Haar, da, wo es sein sollte, und harmonischen Proportionen.

Asla im schlichten Welpenhaarkleid. Als blutige Anfänger fielen mein Mann und ich fast auf eine Möchtegern-Expertin herein, die sie für einen Mischling hielt.

Fütterung und Gesundheit

Die Zeit der Ausreifung

In den Napf bekommt Ihr junger Hovawart, sofern Sie nicht barfen, jetzt vermutlich zwei- bis dreimal täglich Trockenfutter für Junghunde großer Rassen. Ein langsames, gleichmäßiges Wachstum ist für seinen Organismus weiterhin gesünder als ein In-die-Höhe-Schießen. Übergewicht kann Bänder und Gelenke belasten und die HD-Entwicklung fördern. Um den zwölften Lebensmonat herum ist das Höhenwachstum abgeschlossen. Der Energiebedarf sinkt. Ihr Hund reift aber weiter aus: Der Schädel wird markanter, Brust, Oberkopf und Fang breiter, die Statur kräftiger, das Haar üppiger.

Jetzt kann Ihr Hovawart eine Knabberlust wie im Zahnwechsel an den Tag legen, um seine innere Anspannung abzubauen. Kau- und Rinderknochen in Maßen reduzieren Stress.

Der Junghund darf nicht zum Springen animiert werden, indem Sie etwa Stöcke in die Luft halten. Auch Hürdensprünge wären Gift für den unfertigen Bewegungsapparat. Gelenkarthrosen im Alter können die Folge sein. Lassen Sie ihn beim Spielen auch nie extrem abbremsen. Das schont die Gelenke. Spaziergänge auf Waldboden sind schonender als Asphalt.

Obwohl sie schon so erwachsen wirken, sind pubertierende Hovawarte längst noch nicht voll belastbar.

Von wegen »fertig«! Jetzt ist sein Größenwachstum zwar nahezu abgeschlossen, aber der junge Hund entwickelt sich körperlich noch eine ganze Weile weiter.

In wenigen Monaten ist es Zeit für das HD-Röntgen. Ein neutraler Gutachter wertet die Aufnahme aus.

Zeit zum HD-Röntgen

Etwa ab dem 15. Lebensmonat ist es Zeit zum HD-Röntgen. Die Auswertung des heute meist digital erstellten Röntgenbildes übernimmt ein neutraler Gutachter.

Einige Wochen später bekommen Sie das Ergebnis. Gehen Sie mit Ihrem Junghund nur zu Ihrem Haustierarzt, wenn dieser oft Hunde auf HD röntgt. Die Lagerung der Hüfte in Vollnarkose ist eine knifflige Angelegenheit, die Erfahrung erfordert. Schlechte Aufnahmen bedingen nicht selten schlechte HD-Ergebnisse. Fragen Sie Ihren Züchter oder Vereinsfreunde nach einer Tierarzt-Empfehlung. Lassen Sie Ihren Hovawart bitte auch röntgen, wenn Sie nicht züchten wollen. Alle Ergebnisse werden in den Datenbanken der Hovawart-Zuchtvereine gesammelt. Sie ermöglichen vor Verpaarungen eine Prognose bezüglich einer HD-Belastung der Nachkommen. Wer röntgen geht, macht sich deshalb um die Gesundheit der Rasse verdient. Außerdem wissen Sie dann, wie stark Sie Ihren Hund, etwa beim Agility, belasten dürfen.

Jetzt rückt die Hüfte des Hovawarts in den Blickpunkt. Es geht zum HD-Röntgen! Allein die Gutachterbewertung zählt, nicht die Meinung des Röntgen-Tierarztes.

NERVENPROBE HD-ERGEBNIS

Der ausführende Tierarzt sollte das Röntgenbild eigentlich nicht kommentieren. Eigentlich! »Oh, das sieht nicht ganz ideal aus auf einer Seite, tut mir leid«, bekam mein Mann in der Praxis zu hören, in die er mit unserer eineinhalbjährigen Antonia zum Röntgen gefahren war.

Doch das letzte Wort hat der vom Verein bestellte unabhängige Gutachter, der das Röntgenbild beurteilt und u.a. den sogenannten Norberg-Winkel ausmisst. Wochenlang warteten wir nervös auf das Ergebnis, das auf einem Auswertungsbogen per Post eintrudeln musste. Dann lag es endlich im Briefkasten. Mit zitternden Fingern rissen wir den Umschlag auf und trauten unseren Augen nicht: HD-A1 auf beiden Seiten. Antonia hatte demnach ideale Hüften! Kein Einzelfall. Deshalb heißt es nach dem Röntgen: abwarten und viel, viel Tee trinken.

Die Hormone regen sich

Sechs Monate alte Wurfgeschwister. Beginn und Dauer der Pubertät sind sehr individuell.

Die Geschlechtsreife naht

Der Hormonhaushalt Ihres Hovawarts ändert sich nun gewaltig. Junge Rüden heben das Bein immer öfter. Es wird von beiden Geschlechtern gezielt markiert, nicht mehr nur gepinkelt. Dass Ihre Hündin bald geschlechtsreif wird, merken Sie an verliebten Rüden und an ihren Putzorgien, bevor Sie den ersten Blutstropfen finden. Das Einsetzen und der Verlauf der ersten Läufigkeit sind ebenso individuell wie Beginn und Dauer der Pubertät. Ab dem achten Monat sollten Sie damit rechnen, doch es gibt auch gesunde Hündinnen, die schon mit sieben oder erst mit 20 Monaten zum ersten Mal heiß werden. Junghündinnen in Mehrhundehaltungen lassen sich mehr Zeit damit. Wenn es soweit ist, verläuft die Hitze meist unspektakulär. Auch das Abdrehen der Rute in der Standhitze beobachtet man anfangs selten.

Für und Wider der Kastration

Wenn Sie nicht züchten wollen, stellt sich jetzt vielleicht die Kastrationsfrage. Das deutsche Tierschutzgesetz erlaubt Amputationen nur unter ganz bestimmten Bedingungen im Einzelfall (Strodtbeck/Gansloßer 2011). Zu den medizinischen Indikationen bei Hündinnen zählen extreme Scheinträchtigkeiten, Geburtskomplikationen oder Gebärmuttererkrankungen. Kastrationsgründe beim Rüden sind Prostatabeschwerden, Hypersexualität, Hodenkrebs oder Einhodigkeit (Kryptorchismus). Während bei der Hündin wegen der Tumorvorsorge, der unliebsamen Blutung oder den Rüden vor der Tür an die Kastration gedacht wird, sind es beim Rüden viel häufiger Verhaltensaspekte wie Streunen oder (innerartliche) Aggressivität. Manche vierpfotigen Machos weisen durchaus erhöhte Testosteronwerte auf.

Diese junge Hündin ist noch lange nicht geschlechtsreif. Eine Frühkastration könnte dramatische Folgen haben.

Oh, was für ein guter Duft! Jetzt erwacht das Interesse am anderen Geschlecht. Normalverhalten ist aber kein Kastrationsgrund.

Problemverhalten ist aber meistens erlernt, es kann nicht wegkastriert werden! Einige Verhaltensaspekte verschlechtern sich durch die hormonellen Verschiebungen sogar nach der Operation. Ein Eingriff aus reiner Bequemlichkeit wäre zudem tierschutzwidrig.

Auch die Gemeinschaftshaltung von Rüde und Hündin wird oft als OP-Grund genannt. Manchmal täte es hier auch die Sterilisation. Eine Kastration lässt sich durch das Implantieren eines Chips, der die Produktion von Fruchtbarkeitshormonen hemmt, beim Rüden chemisch durchspielen. Bitte erst warten, bis der Hund ausgewachsen ist!

Besonders heikel ist die Kastration der Hündin vor der ersten Läufigkeit. Die Frühkastration kann das Größenwachstum fördern, zur HD-Entstehung beitragen sowie Herz-, Kreislauf-, Nervensystem- und Gehirnfunktionen belasten. Wie sich die Kastration auf das Verhalten von Hündinnen auswirkt, hängt nicht zuletzt vom Zeitpunkt des Eingriffes ab. Kastriert man etwa maskuline Hundedamen während eines ungünstigen Hormonspiegels, können Aggressivität und Territorialverhalten noch heftiger werden. Wenn überhaupt, sollten Hündinnen nach genauer Persönlichkeitsprüfung genau zwischen zwei Hitzen kastriert werden, um keine unerwünschten Wesensveränderungen zu riskieren. Unter Verhaltensaspekten ganz abzulehnen: die Kastration ängstlicher oder angstaggressiver Rüden.

Kastrationsnebenwirkungen können erhöhte Stressanfälligkeit, verstärkte Jagdmotivation, gesteigerte Ressourcen- und Rudelverteidigung, Scheinträchtigkeit angesichts eines Welpen im Haus, extreme Appetitssteigerung, starkes Wachstum der Unterwolle, glanzloses Haarkleid, ein erhöhtes Risiko für Knochenkrebs und Kreuzbandrisse sowie die Harninkontinenz bei Hündinnen sein. Manche Kastraten werden zudem von intakten Rüden bedrängt, und auf die Standhitze der Hündin reagieren viele Kastraten durchaus. Manche decken weiterhin, das Hängen inklusive. Fazit: Für Ihren Hovawart steht sehr viel auf dem Spiel. Lassen Sie ihn nicht vorschnell kastrieren!

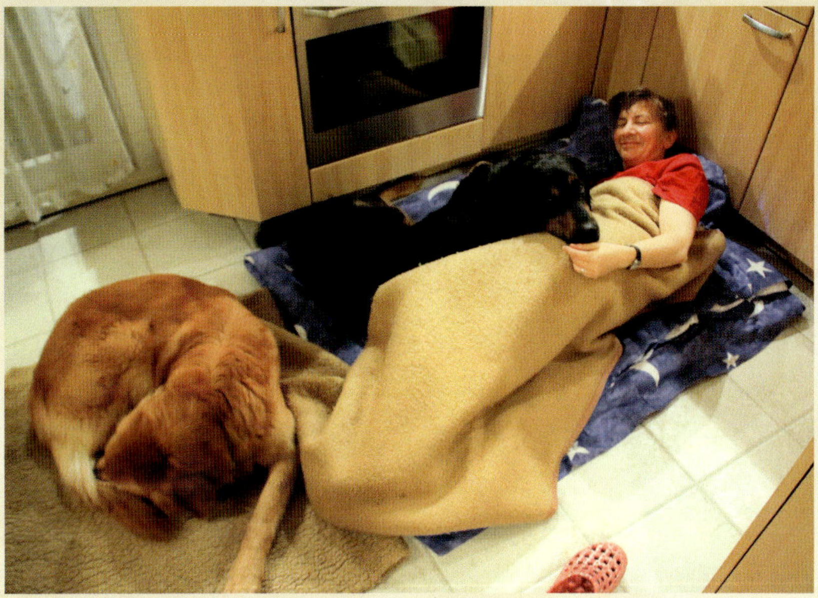

Die Läufigkeit der Hündin sorgt manchmal für ungewöhnliche Aktionen. Hier mein ebenerdiges Nachtlager in einer Ferienwohnung im Harz.

EINE HEISSE SPUR

Ich hatte vor wenigen Jahren kurzfristig beschlossen, meinen Mann zu einem Sportereignis im Harz zu begleiten. Hundefreundliche Quartiere waren kaum noch zu finden. Schließlich konnte mein Mann die skeptische Vermieterin einer Ferienwohnung in Hahnenklee (zwischen Goslar und Clausthal-Zellerfeld) am Telefon von der Harmlosigkeit unserer Hunde überzeugen. Wir trauten unseren Augen nicht, als wir am zweiten Abend dort einen großen dunkelroten Blutstropfen auf den Flurfliesen fanden. Der Reisestress und die Rückkehr meines Mannes nach dem ersten Wettkampftag hatten anscheinend Antonias Hormonproduktion mächtig angekurbelt. Oh je, wie würden sich ihre Blutspuren in der fremden Wohnung verhindern lassen? An Läufigkeitshöschen war sie nicht gewöhnt. Nachts den Hund im Auto schlafen lassen? Tierquälerei! Zurückfahren, ohne den Wettkampf zu beenden? Eine Unding für meinen Mann. Nein, Augen auf und durch.

Da sich Antonia selbst Türen öffnet (wobei sie sich wie ein Zirkuspferd auf die Hinterhand stellt und dann, nicht immer treffsicher, mit einer Pfote auf die Klinke drückt), hinter denen sie ihre Lieben oder ein kühleres Plätzchen vermutet, bedeutete diese Entscheidung Tag und Nacht: Vollkontrolle. Andernfalls hätte sie vielleicht die noblen Türen ruiniert. Nur im Flur und in der Küche gab es einen Kachelboden, der sich gut aufwischen ließ. Die restliche Wohnung durfte Antonia nicht mehr betreten, da die Räume mit sandfarbenem Teppichboden ausgelegt waren.
Die folgende Nacht schlief ich mit den Hunden zuerst in der Küche, später im Flur auf dem Fliesenboden. Warum der nächtliche Umzug? Um vier Uhr nachts war Antonia plötzlich mit lautem Geschepper gegen die Glastür zum Wohnzimmer gesprungen, um ihr Herrchen dahinter auf der Schlafcouch zu besuchen, so dass ich – schlagartig hellwach – sofort vom Küchen- auf den Flurboden umzog, um die Tür zu bewachen. Die war zum Glück heile geblieben. Antonia auch. In der nächsten Nacht übernahm mein Mann den Bodendienst. Es gibt schönere Urlaube. Unsere Hündinnen deshalb kastrieren zu lassen, käme dennoch nicht in Frage. Bekleckerte Teppichböden sind keine Indikation laut Tierschutzgesetz!

Auch wenn diese beiden neun Monate alten Schwestern schon so groß sind wie die Seniorin im Hintergrund, brauchen die Backfische noch viel »Entwicklungshilfe«.

Der labile Teenager

Baustelle Gehirn

Obwohl Ihr Teenager in den vergangenen Monaten unglaublich wuchs, ist er längst noch nicht auf dem Stand eines erwachsenen Hundes. Wann seine Pubertät einsetzt und wie lange sie dauert, ist so individuell wie beim Menschen. Unter Stimmungsschwankungen leidet er etwa ab dem sechsten Lebensmonat. In seinem Gehirn finden nun dramatische hormonelle und neuronale Reifungs- und Umbauprozesse statt. Mal ist er sehr unsicher, mal extrem pöbelhaft oder fahrig. Der Grat zwischen Förderung und Überforderung ist jetzt besonders schmal.

Der Teenager steht aber nicht durchgängig neben sich. Es gibt vielmehr labile Schübe zwischen immer länger werdenden stabilen Phasen. Voll erwachsen ist der Spätentwickler Hovawart meistens nicht vorm vierten Lebensjahr, manche Individuen brauchen sogar noch länger.

Plötzliches Nervenflattern

Wenn Sie ihn rufen, stellt Ihr Hund jetzt die Ohren auf Durchzug, läuft bis zum Horizont, bleibt nicht mehr problemlos alleine oder verbellt Passanten.

Ist dieser Sessel nicht tabu? Gehirn und Hormonhaushalt verändern sich gerade gewaltig und sorgen für eine lange Leitung.

Hilfe, ein weißer Riesenvogel! Labile Phasen sind in der Pubertät völlig normal und gehen meist schnell vorbei.

Junge Hovawarte sind keine Kinder von Traurigkeit. Ist ihnen langweilig, widmen sie sich gerne Tiefbauarbeiten …

Auch irrationale Ängste treten wieder auf. Meist fürchtet ein junger Hovawart sich vor Dingen, die plötzlich in seinem Umfeld auftauchen, etwa vor einem Müllbeutel am Straßenrand. Die Umgebung aufmerksam zu beobachten und kleinste Veränderungen wahrzunehmen, ist typisch für Hofhunde. Die Umbauprozesse im Gehirn und die veränderte Hormonlage können aber bei bestimmten Stresstypen bewirken, dass solche Wahrnehmungsreize aufgrund des erhöhten Erregungslevels zu wenig gefiltert werden. Ergebnis: Die Reaktion darauf fällt unangemessen stark aus. Faktoren wie Genetik, Epigenetik, Erfahrungslernen und Besitzerverhalten kommen hinzu.

Versetzen Sie sich und Ihren Hund in eine ruhige Stimmung. Vermeiden Sie schrille, stressende Ansprachen. Sind Sie selbst gereizt, geben Sie Ihrem Teenager keine Sicherheit. Was er braucht, ist ein Anführer, dem er nacheifern kann. Gehen Sie als Leittier mit gutem Beispiel voran und ermöglichen Sie den Spannungsabbau.

Wie in Welpentagen soll sich Ihr junger Vierbeiner von der Ungefährlichkeit angstmachender Situationen und Objekte überzeugen und am Erfolg wachsen. Wenn sich Angstreaktionen häufen, überprüfen Sie, ob Sie Ihrem Hund oft wichtige Entscheidungen überlassen (Rütter 2008). Zu viele Freiheiten bedeuten für ihn, dass er die Dinge selbst regeln muss. Stress pur! Wenn er immer nach Gutdünken handeln darf, vertraut Ihr Hovawart auch unter Stress lieber seiner eigenen Risikobewertung als der Ihren.

Verzichten Sie in Angstphasen auf Ausstellungen, Körveranstaltungen, aufputschende Spiele und nervenaufreibende Unternehmungen. Besitzerwechsel, Aufenthalte in Tierpensionen, unsensible Tierärzte, forsche Formwertrichter, barsche Ausbilder, Umzüge, zu langes Alleinlassen – solche Erlebnisse sind heikel für Ihren derzeit Zartbesaiteten.

DER PUTZTEUFEL

Ein echtes Trauma erlebte Candy, eine junge blonde Hovawarthündin, die als Welpe ein quietschvergnügtes Hundekind gewesen war: aufgeschlossen, neugierig und zu jedem Abenteuer bereit. Sie war als Einzelhund bei einem Ehepaar mittleren Alters eingezogen, machte sich gut in der Welpenspielstunde und war durch ihre unbedarfte Art ein echter Sonnenschein. Mit sieben Monaten dann plötzlich die Wende: Scheinbar von einem Tag auf den anderen zeigte sie eine starke Scheu vor fremden Menschen, ängstigte sich aber auch vor abgestellten Fahrrädern und merkwürdigerweise ebenso vor Scheuertüchern. Das Ehepaar konnte sich diesen Sinneswandel überhaupt nicht erklären und grübelte lange darüber nach, was vorgefallen sein musste, um diesen starken Einbruch herbeizuführen.

Den Hundebesitzern ging bald ein Licht auf: Candy hatte schon früh täglich vier Stunden am Morgen alleine zu Hause warten müssen, weil ihre Besitzerin erst mittags von der Arbeit heim kam. Das Pensum war langsam gesteigert worden und bereitete Candy keine Probleme. Neu war allerdings, dass seit kurzem zweimal pro Woche eine Putzhilfe ins Haus kam, die einen Schlüssel hatte und morgens saubermachen sollte, während die junge Hündin in denselben Räumen auf die Heimkehr ihrer Menschen wartete. Nicht nur, dass diese Frau, wie sich später heraus stellte, Hunde nicht leiden konnte und die junge Hündin anscheinend für Putzmisserfolge und Dreck verantwortlich gemacht hatte: Sie war dienstags und donnerstags auch noch mit dem Fahrrad angeradelt gekommen und hatte, wie sie nach intensivem Nachfragen zugab, ihr Rad beim Gassigang in den Garten mehrfach »versehentlich« auf den Hund fallen lassen, als sie etwas in den Gepäcktaschen verstauen wollte. So war die arme Junghündin regelmäßig völlig hilflos einer Person ausgeliefert gewesen, die ihr vermutlich das nasse Scheuertuch um die Ohren gehauen und sie für ihre anfängliche Neugier verflucht hatte ... Die Putzfrau wurde nach ihrer Beichte entlassen, aber die Hündin brauchte Monate, bis sie mit Hilfe verständnisvoller Hundetrainer wieder Vertrauen zu fremden Menschen aufbauen konnte.

Junge Hovawarte sind viel sensibler, als man angesichts ihrer Größe meinen könnte. Irritationen und Einschüchterungen wirken jetzt oft lange nach.

Von wegen keine Jagdpassion! Wild zu verfolgen, gefällt Hovawarten durchaus. In der Jugend entscheidet sich die weitere Jagdkarriere.

Unterschiedliche Jagdpassion

Dass Hunde dieser Rasse gar nicht jagen, ist ein Mythos. Da Deutsche Schäferhunde an ihrer Entstehung beteiligt waren, verwundert das nicht. Das Hüten ist ein stark kontrolliertes Fixieren, Verfolgen und abgeschwächtes Greifen (Hackenkneifen) der Beute. Am Ende der Handlungskette fehlt aufgrund von Zuchtselektion bei Hütehunden der tödliche Kehlbiss. Außerdem gehört der Beutetrieb zu den geforderten Gebrauchshundeigenschaften des Hovawarts. Doch welches Jagdelement aus der Handlungskette ist erwünscht? Wildfährten auszuarbeiten, ist nicht rassetypisch. Die meisten Exemplare besitzen zudem wenig Raubzeugschärfe. Sie verfolgen Beute auf Sicht und genießen den schnellen Lauf, haben aber eigentlich kein Tötungsinteresse. Beim Hetzen werden selbstbelohnende Glückshormone ausgeschüttet. Verschwindet etwa die Katze aus dem Sichtbereich, erlischt die Motivation und der Hovawart ist wieder ansprechbar. Mit welcher Intensität welche Jagdhandlung ausgeführt wird, ist sehr individuell.

Jungwölfe werden immer mehr in die Jagdgemeinschaft integriert. Die Pubertät Ihres Hovawarts ist daher entscheidend für die Entwicklung seiner Jagdmotivation. Hetzerlebnisse bewirken die Ausschüttung von Endorphinen. Diese Botenstoffe wirken wie starke körpereigene Drogen! Solche selbstbelohnenden Glücksgefühle will er bald wieder erleben. Dämmerungsspaziergängen ohne Leine am Waldrand? In diesem Alter besser nicht! Lassen Sie Ihren pelzigen Lehrling außerdem nicht mit Artgenossen laufen, die gerne jagen. Achtung: Häufige und/oder unkontrollierte Ball- und Beutespiele zwischen dem vierten

Zu den Vorfahren des Hovawarts gehören auch Hütehunde. Kein Wunder, dass manche Exemplare Spaß am Hetzen haben. Dieser Junghund ist allerdings gerade hin- und hergerissen zwischen Neugier und Verunsicherung.

und sechsten Lebensmonat können jagdliche Reizverknüpfungen wie das Verfolgen und Erhaschen konditionieren und stärken, warnt PD Dr. Udo Gansloßer. Überlegen Sie, ob Ihr Hund im Alltag ausgelastet ist, wenn er auf Wild reagiert. Rufen Sie ihn ab, falls er im Garten Vögel oder Katzen verfolgt. Üben Sie den Rückruf und setzen Sie dabei Hundepfeife, Futterjackpot und Schleppleine ein. Sprühhalsbänder sind sehr riskant; es drohen Fehlverknüpfungen. Schonender ist es, mit einer versteckten (nicht geworfenen!) Ersatzbeute, einem sogenannten Preydummy, die Lust am Jagen zu kanalisieren und die Aufmerksamkeit des Hovis auf den Zweibeiner zu lenken. Der Hund muss den vom Hundeexperten Jan Nijboer entwickelten Futterbeutel suchen, bringen und darf dann daraus fressen. Der Mensch wird so zum Jagdpartner.

»Lieber mal gucken, wo Frauchen bleibt«, sagte sich Asla. Hovawarte vergewissern sich gerne, ob ihr Besitzer noch in Sicht ist. Das Verstecken entzieht ihnen die Sicherheit.

VOM ERDBODEN VERSCHWUNDEN

Viele Hovawarte schauen sich im Rennen nach ihren Zweibeinern um. Dies ist ein altes Relikt aus der arbeitsteiligen Jagd unter Wölfen, denn als Rudeltier hat jedes Tier seinen speziellen Platz während der Jagd einzunehmen und arbeitet auf das Verhalten der anderen abgestimmt. Die Teammitglieder müssen also im Blick behalten werden.
Unsere erste Hovawarthündin Asla scheuchte mit etwa zehn Monaten einen Feldhasen kurz vor mir aus seiner Sasse auf. Die Äcker in dieser flachen Landschaft zogen sich bis in weite Ferne. Meine Hündin streckte sich wie ein Greyhound auf der Rennbahn, um mit dem Hasen einigermaßen Schritt halten zu können. Geradewegs auf die Autobahn zu, die sich am Horizont erstreckte ... Während des Rennens schaute sie sich mehrmals nach mir um, doch für mich gab es auf dem Feldweg kein Gehölz, um mich zu verstecken. Ohne lange zu überlegen, warf ich mich kurzerhand in einen schlammigen Entwässerungsgraben, um mich den Blicken meiner jugendlichen Jägerin zu entziehen. Diese stutzte, blieb stehen und schaute nun ganz ungläubig zurück, wie ich vorsichtig über den Grabenrand hinweg erspähen konnte: `Huch, eben war Frauchen doch noch da?!´, schien sie zu denken und kehrte um!
Gekrönt wurde diese Vorstellung von einer zufällig des Weges kommenden Reiterin, die auf einmal hoch oben auf ihrem Hannoveraner neben mir am Graben stand und mich besorgt fragte: »Kann ich Ihnen helfen? Alles in Ordnung?«
Ich weiß nicht, ob sie mich für eine arme Irre oder für eine bemitleidenswerte Anfallskranke hielt, auf jeden Fall schien ihr meine fröhliche Antwort »Danke, kein Problem. Ich erziehe nur gerade meinen Hund!« irgendwie plausibel zu erscheinen, denn jener kam gerade aus Richtung Horizont auf uns zugetrabt.
Zeitlebens vergewisserte sich diese Hündin besorgt, dass sich unter mir keine Gletscherspalte auftat, sobald Wild vor uns hochging, und blieb vorsichtshalber in meiner Nähe.

Hovawarte jagen überwiegend auf Sicht. Hier werden gerade jede Menge Glückshormone ausgeschüttet!

Was ist denn das? Der Junghund untersucht das merkwürdige Holztier und baut dabei seine leichte Anspannung ab. Der Besitzer kann ihn dabei unterstützen, indem er die Angstquelle mit Futter belegt.

Kommt da hinten ein Fremder? Werden Sie nicht hektisch, wenn sich Passanten nähern, sonst überträgt sich Ihre Anspannung auf den Junghund.

Der junge Bodyguard

Der pubertierende Hovawart schwankt zwischen gewachsener Selbstständigkeit und Unsicherheit. Machen Sie ihm klar, wie weit sein Aufgabenbereich als Leibwächter geht und dass Sie als Teamleiter für Ihre und seine Sicherheit sorgen. Positiv bestätigt wird entspanntes Verhalten angesichts einsamer Wanderer oder Passanten. Zerren Sie nie hektisch mit schriller Stimme den Hund zu sich, sobald ein Mensch auftaucht. So ein Alarmsignal würde verstärken, was Sie verhindern wollen. Gehen Sie mit dem Hund etwas seitlich und nicht frontal auf die Person zu. Ihre Nervosität übertrüge sich, deshalb schlendern Sie betont relaxt, aber zügig, weiter und setzen ihn dann etwas hinter sich ab, damit er sieht: Sie machen das schon! Plaudern Sie mit dem Fremden, das entspannt Ihren Hund und er merkt, dass Sie die Lage im Griff haben. Ist das Gegenüber so locker wie Ihr Hund, dürfen beide Kontakt aufnehmen.

Dagegen bestärkt jeder zurückweichende Passant entsprechend veranlagte Hunde darin, beim nächsten Mal wieder nach vorne zu gehen, um ihn auf Abstand zu halten. Das stresst Hund und Menschen gleichermaßen. Regeln Sie deshalb Begegnungen durch Ihr vorausschauendes Handeln und verhindern Sie Erfolgserlebnisse, die das Problem verfestigen. Ein in sich ruhender, sicherer Hovawart wird Sie im Ernstfall nicht im Stich lassen. Bis dahin erledigen Sie den Bodyguard-Job gerne selbst.

Hovawarte sind auch unterwegs schnell im Bodyguardmodus und behalten die ganze Gegend im Blick. Das sollte man bedenken, wenn man sich irgendwo niederlässt.

PELZIGER SICHERHEITSDIENST

Eine normalerweise sehr freundliche schwarzmarkene Junghündin aus meinem Bekanntenkreis verbellte im Flegelalter völlig unvermutet Spaziergänge, als sich ihre Besitzerin am Ende einer Joggingrunde zum Verschnaufen auf eine Bank gelegt hatte und der jungen Hündin wohl hilflos erschienen war. Ganz ähnlich testete Kurt F. König das Wesen junger Hovawarte: Der »Meister« lag bewegungslos auf dem Boden und eine Person näherte sich bedrohlich. Der Hund sollte die Gefahr selbst einschätzen, sich mutig vor seinen Menschen stellen und den »Angreifer« vertreiben. Demnach hatte die Hündin perfekt reagiert. In unserer heutigen Gesellschaft möchte allerdings niemand von einem Hovawart in Schach gehalten werden!
Ein schwarzmarkener Jungrüde aus Norddeutschland machte mit seiner Familie (einem Ehepaar mit zwei Töchtern, Ersthundehalter) einem Ausflug in die nähere Umgebung. Die Familie ließ sich auf einer Picknickdecke unterhalb eines Deiches nieder. Alle packten das Essen aus, niemand achtete auf den jungen Rüden. Der sah das Deckenviereck als mobiles Revier an und schnappte nach der Jacke eines Joggers, der seiner Ansicht nach dem Outdoor-Territorium seiner Leute beim Laufen auf dem Deich zu nahe gekommen war.
Viele Jahre lang ging ich mehrmals pro Woche mit einer Freundin und deren Hunden spazieren. Wenn wir uns auf einer Bank niederließen, verhielten sich unsere Hunde ohne Anweisung ganz rassetypisch: Maritas Golden Retriever-Hündin Momo schleppte Stöcke herbei und wollte sie geworfen haben. Die Eurasier-Hündin Duschka nahm Mäuselöcher unter die Lupe. Und meine beiden Hovawarte? Asla und Remus saßen mit wichtigem Gesichtsausdruck links und rechts neben der Bank wie Marmorstatuen und beobachteten konzentriert die Gegend. Zeigte sich irgendwo in der Ferne ein Spaziergänger, war es Zeit, sie sicherheitshalber anzuleinen.

Der Junghund wird immer wachsamer. Damit aus dem Melden kein Dauerkläffen wird, muss ihm der Zweibeiner klare Vorgaben machen.

Der Jüngling wird Hofwächter

Auch das Territorialverhalten daheim müssen Sie jetzt in erwünschte Bahnen lenken. Meine Hündinnen werden für ein kurzes Anschlagen gelobt, wenn draußen etwas Ungewöhnliches passiert. Ich schaue mit wichtigem Gesichtsausdruck kontrollierend aus dem Fenster und sage »Brav! Und Schluss!« Ich bestätige sie sofort, wenn sie ihre Aufmerksamkeit wieder auf mich richten und sich beruhigen. Melden ja, kläffen nein! Ich alleine entscheide als Verantwortliche, ob das Gemeldete der Rede wert ist oder nach meinem eindeutigen »Stopp!« vergessen werden kann. Zudem vermittelt meine Bewertung der Situation Sicherheit. Ich signalisiere dem Duo: »Es waren zwar Geräusche zu hören, die ihr brav gemeldet habt. Es droht unserem Hab und Gut aber keine Gefahr. Und was eine Gefahr ist, entscheide ich!« Jetzt können sie sich wieder schlafen legen und weiterträumen. Die Impulskontrolle kann auch über eine Hundepfeife erreicht werden. Der Pfiff bedeuten: Keine Gefahr! Ruhe! Jackpot abholen!

Kommt da jemand? Wenn der Mensch ihn lässt, übernimmt der junge Hovawart gerne den Job als »Türsteher«.

Klare Regeln und ein sicherer, fairer Teamchef, dem er sich gerne anschließt, entspannen den jungen Hund. Er schielt keineswegs ständig auf den Chefposten.

Souverän wie die Hundemutter

Die Vorstellung, der Hund würde darauf lauern, in der Rangfolge nach oben zu kommen, ist überholt. Er sieht im Menschen keinen Konkurrenten, denn es geht nicht um Fortpflanzung. Außerdem schätzt nicht jeder Hund den anstrengenden Chefposten. Trotz des partnerschaftlichen Miteinanders tragen Sie die Verantwortung für Ihre Gemeinschaft und stellen die Regeln auf. Verhalten Sie sich statusgemäß: Treffen Sie einerseits wichtige Entscheidungen und machen Sie Ihrem Hund klare Vorgaben. Seien Sie andererseits großzugig wie eine Hundemutter, wenn es um nichts geht. Ihr Verhalten hat für Ihren Hund Vorbildcharakter. Leittiere können aber im Spiel problemlos verlieren, ohne an Ansehen zu verlieren. Oft tun sie es sogar extra, um die Motivation des Spielpartners hoch zu halten. Bleiben Sie stur, wenn Ihr Jungspund Sie zu bestimmten Handlungen nötigen will. Durchbrechen Sie starre Rituale und eingefahrene Handlungsabläufe, indem Sie sich völlig anders verhalten, als Ihr Kontrollfreak erwartet. Aufmerksamkeitsheischend ist etwa das Einfordern von Streicheleinheiten durch hartnäckiges Pfötchengeben, das unablässige Bringen von Spielzeug, Bedrängen oder Bellen, wenn das Futter auf sich warten lässt, Aufforderungskläffen beim Ballspiel oder das Ablegen des Fanges auf Ihrem Knie bei Tisch. Auch über Ihre Sozialkontakte entscheiden Sie allein. Lassen Sie nicht zu, dass Ihr Hund sich durch Bellen oder Anspringen einmischt, sobald Sie jemanden umarmen. Wenn Sie sich anderen Hunden zuwenden, hat er Ihnen den Zugang nicht zu versperren.

Überprüfen Sie Ihren Führungsstil: Hat Ihr Hund zu viele Kompetenzen und Privilegien? Wenn Sie die Spielregeln ändern, ändert sich automatisch das Verhalten Ihres Hovawarts. Das Erziehungsmotto lautet frei nach Willy Brandt: »Demokratie darf nicht so weit gehen, dass in der Familie darüber abgestimmt wird, wer der Hund ist«.

Diese Junghündin nutzte, vermenschlichend gesprochen, die Nachgiebigkeit ihrer unerfahrenen Besitzer schamlos aus. Doch ihre Leute erwiesen sich als lernfähig.

WO EIN WILLE IST ...

Mit ihren vierbeinigen Rüpeln können Ersthundebesitzer ganz schön überfordert sein. So wie eine Familie, in der die junge Mutter von zwei Kindern für die Erziehung des Hundes, einer blonden Hündin aus unserem ersten Wurf, zuständig war. Sie hatte vorher einiges über Hundeerziehung gelesen, aber Auge in Auge mit einem willenstarken Junghovawart ist die Theorie manchmal Schall und Rauch. Eines Abends klingelte unser Telefon und die ratlose Ersthundehalterin fragte, was zu tun sei: Die neun Monate alte Blonde wäre gerade mit ihr in der Küche, wo die Besitzerin das Abendbrot zubereitete. Wo das Problem sei, wollte ich gespannt wissen. »Sie steht auf den Hinterläufen, hat die Pfoten neben mir auf der Küchenablage und frisst gerade in aller Ruhe unseren Kartoffelsalat aus der Glasschale! Ich weiß nicht, was ich machen soll. Sie lässt es partout nicht sein, reagiert nicht, wenn ich `Pfui´ sage, und frisst einfach weiter!«

Uns war klar: Da würde nur ein Crash-Kurs vor Ort helfen. Wir verbrachten ein verlängertes Wochenende in Süddeutschland und erlebten eine sehr nachsichtige Familie, die ihrer selbstbewussten Hündin ermöglichte, charmant, aber hartnäckig ihren Willen durchzusetzen. Wir zeigten dem Ehepaar, wie sich per Körpersprache und Stimme Tabus durchsetzen lassen, und besprachen typische Konfliktsituationen.

Welch gute Nerven die Hündin hatte, erlebten wir im Kinderzimmer: Der Hundeteenager lag seelenruhig unter dem Schlagzeug der acht- und zehnjährigen Brüder – während diese in ohrenbetäubender Lautstärke spielten! Kein Wunder, dass sie sich von einem liebenswürdigen »Pfui« nicht beeindrucken ließ. Die Hündin brachte ihren Menschen viel über Hundeerziehung bei und war mehr als 16 Jahre lang der Sonnenschein der Familie.

Junge Hovawarte können richtig rüpelhaft sein und auch ihre Gefährten ganz schön nerven. Bleiben Sie ruhig und nehmen Sie sich ein Beispiel an der souveränen Reaktion älterer Hunde.

Dreistigkeit gelassen kontern

In manchen Hundeschulen heißen Erziehungskurse für Junghunde nicht zufällig »Rockergruppen«. Der vierbeinige Rüpel kann ganz schön nerven. Reagieren Sie aber nie überzogen auf banale Frechheiten, die seine Mutter nicht mal die Augenbraue heben ließen. Es ist normal, dass sich Rangniedere situativ wie Anführer benehmen.

Es kann jedoch wenige Schlüsselsituationen geben, in denen das Führungsteam vom Hovawart getestet wird und sich wie Hundeeltern Respekt verschaffen muss. Ignorieren wäre kontraproduktiv, denn der Aufmüpfige müsste weiter aufdrehen, um endlich seine Grenzen zu erfahren. Besser ist es, sofort mit einem ganz kurzen, energischen Abbruchsignal wie dem Anrempeln zu reagieren und eine selbstsichere Körperhaltung einzunehmen, wenn der Hund zum Beispiel Ihren Bewegungsradius einschränken will. Dann gehen Sie seelenruhig ohne nachtragend zu sein zur Tagesordnung über. Nach einigen Besinnungsmomenten reichen Sie Ihrem Geläuterten symbolisch die Hand und bieten Schmusen oder Spielen an. Achtung: Solche Korrekturmaßnahmen sind die absolute (!) Ausnahme und tabu, wenn Angst oder Unsicherheit im Spiel sind.

Nachdem unsere schwarzmarkene Antonia über eine defekte Zaunecke hinaus in die Freiheit spaziert war, sicherten wir unseren Garten wie Ford Knox.

AUF EIGENE FAUST

Mit der angeblich absoluten Haustreue des Hovawartes ist das so eine Sache. Das Grundstück sollte mindestens 1,50 Meter hoch eingezäunt werden, denn niedrigere Einfassungen lassen sich auch schon von Junghunden überwinden. Ich kann mich gut daran erinnern, dass ich einmal unsere erste blonde Hündin Asla, sie war etwa neun Monate alt, bei meinem Mann im Garten lassen wollte, um mit dem Fahrrad in die Stadt zu fahren. Plötzlich hörte ich, gerade eingebogen auf die Hauptstraße, ein merkwürdiges Keuchen und rhythmisches Klackern auf dem Fußweg rechts neben mir und traute meinen Augen nicht: Unser Hund war über das nur einen Meter hohe Gartentor entkommen und folgte mir in gestrecktem Galopp, wobei er zum Glück den Gehsteig als Rennpiste benutzte – meinen rufenden Mann (in neuer Hundertmeter-Bestzeit) mit einigem Abstand hinter sich! Zum Glück ging alles gut, aber wir zogen umgehend einen höheren Zaun. Als ich Antonia im Alter von zehn Monaten einmal länger als üblich alleine im Garten ließ, dachte ich mir nichts dabei. Sie würde bald von außen auf die Küchenfensterbank springen und mir so sagen: »Lass` mich rein, es reicht mir hier draußen.« Ich arbeitete konzentriert am PC und merkte gar nicht, wie die Zeit verging. Als ich etwa zwanzig Minuten später zur anderen Seite aus dem Fenster sah, bemerkte ich unsere Nachbarin, die nicht nur ihren Yorkshire Terrier, sondern auch Antonia im Schlepptau hatte. Was war passiert? »Eure Antonia stand eben bei uns vorm Haus mitten auf der Dorfstraße, und wollte wohl Max zum Spielen abholen!« Wie sich herausstellte, war ein Zaunpfosten in unserem Garten umgefallen und der Maschendraht bog sich an dieser Stelle mächtig durch. Eine tolle Gelegenheit für den jungen Hovi, um die Gegend auf eigene Faust zu erkunden und liebe Freunde zu besuchen … Auf der viel befahrenen Straße hatte sie sicher alle ihre Schutzengel in helle Aufregung versetzt. Sofort wurde der Gartenzaun ausbruchsicher instand gesetzt.

Überlegt er sich gerade, ob sich ein Sprungversuch lohnen würde? Nein, er bleibt brav auf dem Grundstück. Beim Zaunbau gilt aber: besser zu hoch als zu niedrig einzäunen.

Sein sanftes Wesen und die Erfahrung seiner Halterin sorgten auch in der Pubertät dieses Jungrüden für Harmonie. Für andere Mensch-Hund-Gespanne wird das zweite Lebensjahr dagegen zur Bewährungsprobe

DER BLONDE ALBTRAUM

Ich beriet einmal eine verzweifelte Hovawartbesitzerin, die ihren knapp zweijährigen Jungrüden um ein Haar ins Tierheim gebracht hätte. Im Alter von acht Wochen war der blonde Mini-Bär von seiner Mutter immer wieder streng gemaßregelt worden. Die Hündin griff ihrem Sprössling über den Fang, hinderte ihn ruppig am Aufstehen und scheuchte ihn durch den ganzen Auslauf. Dem neunjährigen Sohn der Anruferin tat der kräftige Welpe so leid, dass die Wahl seiner Eltern auf das anscheinend arme Bärchen fiel. Mama Hovawart hatte allerdings genau gewusst, warum sie gerade diesem Hundekind so strenge Grenzen setzte. Leider verkaufte ihnen der Züchter den Hund, obwohl der Rüde erfahrene Besitzer gebraucht hätte.

Der Hovawart entwickelte sich zu einem respektlosen Junghund, der seiner Familie die eigenen Regeln aufdrücke: Beim Wäscheaufhängen bedrängte er seine Besitzerin im Garten jedes Mal so lange, bis sie ihm, statt sich der Wäsche zu widmen, seinen Ball warf. Einmal? Zigmal! Erst wenn er keine Lust mehr hatte, beendete der Hund das aufgenötigte Spiel. Schulkameraden des Jungen ließ der blonde Riese bald nicht mehr ins Haus. Männliche Artgenossen raufte er nieder. Der imposante Vierbeiner begleitete seine Besitzer morgens mit ins eigene Geschäft. Dort knurrte er neuerdings Kunden an und baute sich warnend vor ihnen auf, sobald sie ihre Ware bezahlen wollten und sich dem Tresen näherten, unter dem er gelegen hatte. Beim Spaziergang kam der Blonde nicht aus den Wassergräben heraus, wenn er gerufen wurde usw. Der Hund war ein Albtraum!

Seine überforderte Halterin wurde nach gründlicher Analyse instruiert, die Führung zu übernehmen und das aufmerksamkeitsheischende Verhalten ihres Rüden stoisch zu ignorieren. Sie verließ nun wortlos das Zimmer, wenn der Rüde die Abläufe bestimmen wollte. Außerdem tat sie unvorhersehbare Dinge: Die Wäsche hängte sie mal nachmittags, mal in der Dämmerung auf und sammelte vorher das Hundespielzeug im Garten ein. Wenn ihr danach war, musste der Hund dabei drinnen warten. Sie spielte mit ihm, aber Beginn und Ende gab die Frau vor. Sie setzte sich mitten in den Hundekorb, trank dort Kaffee und las Zeitung, ohne den erstaunten Rüden eines Blickes zu würdigen. Anstatt den Hund (erfolglos) aus den Gräben herbeizurufen, befahl sie ihm, im Schlamm zu bleiben. Durch gezieltes Gehorsamstraining forderte sie den Rüden auch mental. Die Frau lernte, Körpersprache und Stimme selbstbewusst einzusetzen und beim Loben ein gutes Timing zu entwickeln. Das Programm wirkte: Der junge Hovawart war viel führiger und ausgeglichener als früher. Nie würde seine Halterin ihn wieder hergeben. Ihr Rüde hatte sie zu einer richtig guten Hundeführerin gemacht. Zwei Jahre später kaufte sich die Frau auch noch eine blonde Hündin.

Du nervst! In der Sturm- und Drangphase des pelzigen Teenagers geht es oft hoch her.

Konflikte mit dem Halbstarken

Vorrangig Rüden werden zwischen dem ersten und dritten Lebensjahr in »erfahrene Hände« abgegeben. Vermutlich haben deren Besitzer zu viel Respekt vor ihren jungen Riesen und sind überfordert. Das lässt die unsicheren Halbstarken immer heftiger pöbeln. Ob Rüde oder Hündin: Ergründen Sie selbstkritisch, was hinter Konflikten steckt und welchen Anteil Sie daran haben. Es gibt viele Möglichkeiten, seinen Teamchefstatus gewaltfrei zu unterstreichen und Ruhe auszustrahlen. Jede instinktsichere Zuchthündin oder souveräne Althund ist perfekt darin. Einzelstunden bei einem guten Hundetrainer wirken manchmal Wunder, aber man muss auch nicht alles zur Wesenskrise ernennen. Machen Sie sich in diesem anstrengenden Lebensalter die Stärken Ihres Hovawarts bewusst. Fördern Sie parallel zur Problembewältigung seine Talente und vergessen Sie das Spielen und Kuscheln nicht. Beides stärkt Vertrauen und Bindung. Hundetrainer werden es nicht gerne hören, aber die Impulsivität legt sich mit zunehmender Reife des Hundes bei guter Führung auch ohne ein aufwendiges Trainingsprogramm. Sozialpädagogen sprechen von verhaltensoriginellen Jugendlichen.

Verhaltensoriginell, das ist Ihr junger Hovi auch! Drei, vier Jahre später steht eine gefestigte Hundepersönlichkeit vor Ihnen und Sie können sich an deren Jugendsünden kaum noch erinnern. Wandeln Sie bis dahin mit einem Augenzwinkern Johannes Raus Spruch ab: »Mein Hovawart ist als Hund eine Katastrophe, aber als Mensch ist er unersetzlich!«

Alles im grünen Bereich. Der junge Schwarzmarkene darf nicht aus Mitleid geschützt werden, solange er angemessen gemaßregelt wird.

Provozieren des Ersthundes

Wenn Sie mehrere Hunde haben, wird Ihr pubertierender Rüpel testen, was sich seine älteren Artgenossen gefallen lassen. Achtung: Diese sind nicht automatisch ranghöher als er, denn der Status ist nicht in Zement gegossen, sondern beziehungs- und situationsabhängig. Gehen wir vom Normalfall aus: Der junge Hunde rempelt den Mithund an, beißt ihm in Hals- und Nackenfell und fliegt ihm aus vollem Lauf ins Genick. Irgendwann platzt dem Älteren der Kragen: Er bringt den Wildfang brüllend in die Rückenlage und hindert ihn am Aufstehen. In solchen Momenten dürfen Sie Ihrem pelzigen Erziehungsassistenten nach wie vor nicht ins Handwerk pfuschen. Der ist weiterhin nur bemüht, für klare Verhältnisse zu sorgen. Retten Sie den »jungen Wilden« mitleidig, wird der Junghund ermutigt, immer weiter aufzudrehen. Zu hart darf der Ältere natürlich nicht reagieren. Gut sozialisierte Hunde wissen aber genau, wie weit sie gehen können. Vor allem erfahrene Zuchthündinnen sind darin Spitze!

Mit dem Jüngling unterwegs

Die Gemeinschaftshaltung von Rüde und Hündin ist zwar im Binnenverhältnis sehr harmonisch, aber auf Spaziergängen droht mehr Stress. Rüden neigen in solchen Konstellationen dazu, ihre »Haremsdame« mit Argusaugen zu bewachen, selbst ihre eigene

Mutter. Auch kastrierte Rüden erheben oft noch Ansprüche, wenn es um ihre (eventuell ebenfalls kastrierte) Gefährtin geht.

Der junge Hovawart platzt vor Flegelverhalten – insbesondere gleichgroßen, gleichaltrigen Artgenossen desselben Geschlechts gegenüber. Hat Ihr Hund beim aggressiv getönten Interagieren viele Erfolgserlebnisse, steigen sie ihm selbstbelohnend zu Kopfe. Dieses Hochgefühl will er wieder erleben! Schwächere Hunde zu beeindrucken und über den Haufen zu rennen, fühlt sich nämlich für Ihren Halbstarken sehr erhebend an. Das ist allerdings kein nettes Toben: Wenn einer immer das Opfer und der andere immer der Verfolger ist, fehlt der spieltypische Rollentausch. Ein Spiel ist es dann, wenn es beide (!) Vierbeiner als Spiel empfinden. Das Hetzen des Schwächeren kann zudem Jagdsequenzen beinhalten. Stoppen Sie die wilde Hatz! Verabreden Sie Ihren Junghund mit älteren, gut sozialisierten Geschlechtsgenossen, die seine Provokationen souverän zurückweisen. Das Verlieren ist wie einst im Welpenrudel Gold wert.

Zu wilde Jung-Hovawarte haben bald keine Freunde mehr. Er zum Glück schon!

Das regelmäßige Verlieren ist in diesem Alter extrem wichtig für die weitere Wesensentwicklung. Raufer hatten oft zu viel Erfolg in ihrer Jugend.

Hovawarte sind sehr instinktsicher und sozial. Wie eine große Schwester betreut diese blonde Junghündin den Wurf ihrer Gefährtin mit. Eine wertvolle Erfahrung für sie und die Welpen.

Drei Generationen: Die schwarzmarkene Enkelin lebt ganz harmonisch mit Mutter und Großmutter zusammen. Die Konstellation sorgt für Rudelruhe.

Achtung, Achtung, ein UFO im Anflug! Artgenossen zu beeindrucken, steigt flegelhaften Jung-Hovis schnell zu Kopfe.

Remus war in seiner Jugend ein richtiges Großmaul. Junge Hovawarte müssen sich mit gut sozialisierten Artgenossen auseinandersetzen und verlieren lernen dürfen.

LEKTION IM ENGLISCHEN GARTEN

Während eines Kurzurlaubs in München machte unser halbwüchsiger Rüde Remus eines Tages eine wichtige Erfahrung. Im Englischen Garten waren wir auf einen gestandenen Rottweiler-Schäferhund-Mix getroffen, den unser schwarzmarkener Hänfling erst stolzierend umkreiste und dann provokant bestieg. Wir konnten gar nicht so schnell gucken, wie unser jugendliches Großmaul auf dem Rücken lag und sich nicht mehr bewegen durfte! Der andere Rüde stand stocksteif über ihm und knurrte ihn drohend an. Die Besitzerin des Mischlings wollte sich gerade entschuldigen, als wir uns auch schon herzlich bei ihrem Rüden bedankten. Genau so eine Lektion hatte unserem Halbstarken nämlich gefehlt!

Niemand sieht seinen Hund gerne regungslos unter einem knurrenden Stärkeren liegen, aber für die Wesensentwicklung insbesondere junger Rüden sind solche Erlebnisse Gold wert – zumal ihnen gut sozialisierte Kontrahenten in der Regel kein Haar krümmen. Leider wirken schwarze und schwarzmarkene Hovawarte für manch andere Hundebesitzer bedrohlich. Sie sehen nur die beeindruckende Größe und erkennen nicht, wie jung das Riesenbaby ist. So werden mögliche Spielpartner in einsame Seitenwege gezogen oder zu anderen Zeiten als Ihr Hund ausgeführt. Schon deshalb ist es ratsam, sich einen kompetenten Hundesportverein oder eine modern arbeitende Hundeschule zu suchen. Gute Ausbilder ermöglichen das Zusammentreffen Ihres Hovawartes mit gut sozialisierten Artgenossen und deren verständnisvollen Haltern. Sehr wertvoll sind auch Treffen privater Hundegruppen, sofern die Vierbeiner verträglich sind.

In der Junghundgruppe

Offiziell ist Ihr Hovawart seit seiner 16. Lebenswoche kein Welpe mehr. Im Junghundkurs wird nun der Gehorsam gefestigt. Wenn die Geschlechtsreife naht, lenken die Artgenossen beim Üben ganz schön ab. Gespielt wird aber nur, wenn es das Okay dafür gibt. Nun können Sie in den Hundesport einsteigen.

Der junge Hovawart hat auf dem Hundeplatz tolle Fortschritte gemacht. Jetzt ist es Zeit, in den Hundesport einzusteigen, falls mit ihm weitergearbeitet werden soll.

Der junge Hund wird spielerisch an die Arbeit mit dem Figuranten herangeführt. Beim »Beißen« geht es nur um die Beute.

Weichen stellen im Hundesport

VDH-Hundeführerschein

Der VDH-Hundeführerschein ähnelt der Begleithundprüfung, stellt aber Sozialverträglichkeit und Kontrollierbarkeit des Hundes in der Öffentlichkeit stärker in den Mittelpunkt. Ziel ist der Aufbau einer guten Bindung, die den Hund im Alltag kontrollierbar macht. Dritte Säule ist die Sachkunde des Hundehalters. Theorie und Praxis werden in Vorbereitungskursen (Dauer ca. zwölf Wochen) vermittelt. Teilnehmen können Sie auch, wenn Sie nicht Mitglied in einem VDH-Verein sind. Am Prüfungstag muss Ihr Hund mindestens ein Jahr alt sein. Ähnlich benannte Ausbildungslehrgänge bieten auch andere Institutionen an. Achtung: Bestandene Hundeführerscheine berechtigen nicht zur Teilnahme an Hundesportprüfungen, werden aber von manchen Gemeinden mit Hundesteuernachlässen belohnt. Eine Übersicht finden Sie unter dem Stichwort »Hundeführerschein« bei Wikipedia.

Die Begleithundeprüfung (BH)

Auf die Junghundgruppe und den VDH-Hundeführerschein folgt in vielen Hundesportvereinen das Angebot, für die Begleithundprüfung zu trainieren. Sie ist Eingangsvoraussetzung für Prüfungen in den meisten Hundesportdisziplinen. Im Theorieteil müssen Sie Ihre Kenntnisse schriftlich nachweisen. Mit Ihrem Hund absolvieren Sie auf dem Hundeplatz klassische Unterordnungslektionen und üben unter anderem, gelassen durch Menschengruppen zu gehen. Sein Verhalten bei der Begegnung mit Joggern, Radfahrern und Artgenossen werden außerhalb des Hundeplatzes geprüft.

Der klassische Hundesport

Kernstück der Vielseitigkeitsprüfung für Gebrauchshunde (VPG) und der ähnlich ablaufenden IPO (Internationale Prüfungsordnung) ist neben den Ausbildungsteilen Fährte und Unterordnung

Zum Gebrauchshundsport gehört auch der Schutzdienst. Er hat seit mehr als 100 Jahren Befürworter und Gegner.

Beim VPG wird in der Abteilung Unterordnung auch der Hürdensprung trainiert.

der Schutzdienst. Über das Für und Wider der Arbeit mit dem Figuranten streiten sich Hovawartfreunde seit mehr als hundert Jahren. Verantwortungsvoller Schutzdienst mache Hovawarte kontrollierbarer, sagen die Befürworter. Es gehe dem Hund nur um die Beute. Kritiker missbilligen, dass Hunde von Zivilpersonen zum »sportlichen« Beißen von Menschen, und sei es nur in den Figurantenärmel, ermuntert werden. Verhaltensbiologen warnen vor der selbstbelohnenden Wirkung solcher Handlungsketten. Fakt ist: Nur wenige Hovawartfreunde betreiben VPG-Sport oder züchten auf Leistung. Wer Bedenken hat, findet im großen Hundesportangebot für ihn stimmigere Alternativen.

Das Apportieren eines Bringholzes ist ebenfalls Bestandteil der VPG-Ausbildung.

Unsere Asla hielt nichts vom Schutzdienst. Trotz Kurt F. Königs Bedenken ist aber nicht von der Hand zu weisen, dass viele Hovawarte die Arbeit mit dem Figuranten lieben.

AUGE IN AUGE MIT DEM FIGURANTEN

Mein Mann und ich traten Anfang der 1980er Jahre mit unserer ersten Hündin in einem Hundesportverein ein. Dort stand der Schutzdienst mit Gebrauchshunden hoch im Kurs. So war es nur logisch, dass wir eines Sonntags vom Schutzdiensthelfer gefragt wurden, ob wir es nicht mit unserer jungen Asla mal versuchen wollten. Naiv sagten wir: »Ja, warum nicht?« Wenige Minuten später stand der Figurant in voller Montur vor uns und versuchte immer grimmiger, die Junghündin zum Beißen in einen Jutesack zu animieren. Doch Madame stand wie einbetoniert da und wandte nur gelangweilt ihren Kopf von einer Seite zur anderen. »Die hat keinen Beutetrieb«, knurrte der Schutzdiensthelfer. »Kann nicht sein, gestern hat sie einen Hasen gejagt«, knurrte ich zurück. »Bindet sie mal da an den Zaun. Ich bedrohe sie solange, bis sie sich wehrt und nach vorne geht«, ordnete der Figurant an. Hilfe! Nein, danke. Wir schlugen vor, meinen Mann in den Anzug steigen zu lassen. Gesagt, getan. Schon hing Asla in der Beute und schlug sich den Sack begeistert um die Ohren. Kein Wunder: Der Figurant roch penetrant nach Cognac, denn sonntags fand vorm Üben ein Frühschoppen im Vereinsheim statt. `Mit dem Typen nicht´, hatte sich Asla wohl gedacht. Typisch Hovi! Dass der 2. Vorsitzende des Vereins eines Tages mit eingegipsten Armen auf dem Hundeplatz erschien, gab uns auch zu denken. Seine beiden Rottweiler, erfolgreiche SCH-III-Hunde, hatten ihn mitsamt seines Fahrrades auf dem Weg zum Vereinsheim in den Graben befördert, weil ein Kaninchen ihren Weg gekreuzt hatte Bald darauf trainierten wir in einem anderen Verein Turnierhundsport und weinten dem Schutzdienst keine Träne nach.

Achtung: Was wir damals erlebten, will ich keinesfalls verallgemeinern! Auch in der VPG-Ausbildung hat sich sehr viel getan. Ich kenne einige Hovawarte, die den Schutzdienst sehr lieben und im Alltag zuverlässige, nervenstarke Hunde sind. Aber der gewählte Hundesport muss eben auch zur Hundeführermentalität passen. Rassebegründer Kurt F. König lehnte den Schutzdienst entschieden ab.

Viele Hovawarte lieben Agility. Dabei geht es nicht nur um Schnelligkeit, sondern auch um Exaktheit.

Agility

Im Agility-Parcours werden verschiedene Hindernisse überwunden, wobei es auf Wendigkeit, Exaktheit und eine gute Mensch-Hund-Zusammenarbeit ankommt. Da der Hund beim Agility viel springt, ist die Beanspruchung von Bändern, Sehnen und Gelenken zu beachten. Das Sprungtraining darf nicht zu früh beginnen. Ein schonender Konditions- und Muskelaufbau, das gründliche Aufwärmen vor jedem Start sowie nachgewiesene HD-, OCD- und ED-Freiheit müssen oberste Gebote sein.

Kinderspiel – diese Hürde nehme ich mit links. Die Gelenkgesundheit muss bei dieser dynamischen Sportart allerdings beachtet werden.

Gehen wir trainieren? Diese aufmerksame Hündin ist ein Ass im Obedience.

Ein Steward gibt im Wettkampf die Abfolge vor, sie kann nicht auswendig gelernt werden. Für die »Intelligenzbestie« Hovawart ist Obedience wie gemacht.

Turnierhundsport (THS)

Im klassischen THS-Vierkampf geht es darum, eine Unterordnungsabfolge zu zeigen, den Hund eine Hindernisbahn überqueren, Slalomstangen umlaufen oder Hürden nehmen zu lassen. In einem separaten Wettbewerb muss ein **Geländelauf**, wahlweise über 5000 oder 2000 Meter, absolviert werden. Hindernisbahnen und Hürdensprünge dürfen nicht zu früh trainiert werden. Nach einigen Jahren können Arthrosen und Sehnenprobleme auftreten. Der Geländelauf ist für sportliche Hovawarthalter mit erwachsenen Hunden dagegen ideal.

Welcher Hundesport könnte dieser jungen Hündin besonders liegen? Was auch immer: Eine Überforderung ist unbedingt zu vermeiden.

Fährtenhund (FH)

Das Fährten ist eines der drei Fächer der VPG- und IPO-Ausbildung, kann aber auch als Einzeldisziplin in mehreren Schwierigkeitsstufen betrieben werden. Die Fährtenarbeit schult die Konzentrationsfähigkeit. Das ruhige, langsame Suchen ist sehr gelenkschonend und daher selbst für Hundesenioren geeignet. Auch zur Auslastung und Beruhigung besonders temperamentvoller Hovawarte ist eine Fährtenhundausbildung empfehlenswert.

Obedience (OB)

Obedience heißt nichts anderes als »Gehorsam«. Gefordert werden Unterordnungselemente, die je nach Klasse immer anspruchsvoller werden. Hierbei kommt es auf Exaktheit, Ruhe, Konzentration und Harmonie des Mensch-Hund-Teams an.

Ausbildung für humanitäre Zwecke

Rettungs- oder Katastrophenhund (RH/KH)

Die Rettungshundestaffeln arbeiten in Notfällen und bei Katastrophen mit Feuerwehr, Polizei oder Technischem Hilfsdienst zusammen. Fährten-, Flächen-, Trümmer- und Wasserprüfungen stehen auf dem Programm. Ein Eignungstest prüft Nervenstärke und Selbstständigkeit. Der Zweibeiner muss ein theoretisches und praktisches Ausbildungsprogramm absolvieren, will er es bis zur Einsatzreife bringen. Besonders für die Flächensuche sind Hovawarte aufgrund ihrer guten Nase geeignet. Sie können außerdem zu Lawinen- und Sanitätshunden ausgebildet werden **(LawH und SanH)**.

Mantrailing

Das Mantrailing ist eine besondere Suchhundausbildung, bei der die Hunde feinste menschliche Geruchspartikel auf Wegen, Straßen, Plätzen, in Autos und Gebäuden finden und verfolgen müssen. Die Polizei fordert immer öfter externe Mantrailingteams an, um Schwerverbrechern auf die Spur zu kommen. Neben Bloodhounds und Jagdhunden bringen auch Hovawarte hierfür Talent mit. Die Ausbildung wird von Rettungshundestaffeln und Hundeschulen angeboten. In der Hovawartszene wird das Mantrailing immer beliebter.

Das Mantrailing ist eine sehr anspruchsvolle Sucharbeit, für die Hovawarte viel Talent mitbringen

Behindertenbegleithund

Behindertenbegleithunde öffnen Rollstuhlfahrern Schubladen und Türen, betätigen Lichtschalter, melden Gehörlosen Tür- oder Telefonläuten, bringen Gegenstände und sind geliebte Sozialpartner. Da der fertig geschulte Hund an einen Bedürftigen übergeben wird, ist diese Ausbildung für Hovawarte eher ungeeignet, da Besitzerwechsel für die sensiblen Teenager heikel sind. Leben Menschen mit Handicap in der Familie, werden selbst oder mit Trainerhilfe ausgebildete Hovawarte aber zu tollen Alltagshelfern.

Hovawarte, die für humanitäre Zwecke ausgebildet werden, müssen ganz besonders nervenstark und sozialverträglich sein.

Blindenführhund

Ein Blindenführhund stellt quasi eine Lebensversicherung für seinen nicht sehenden Menschen dar, wenn er ihn etwa über eine Straße lotst oder ihm Gehsteige anzeigt. Blindenführhunde durchlaufen ihre Ausbildung in speziellen Zentren, wo vor allem mit Labrador Retrievern und -Mischlingen gearbeitet wird. Die lange Pubertät, der Schutztrieb, das emotionale Sozialverhalten, das überschäumende Temperament, die starke Bindung an die »Ursprungsfamilie« und ihre Bewegungsfreude machen Hovawarte nicht zu idealen Blindenführhunden. Im Führgeschirr bleibt sie daher die Ausnahme.

Therapiebegleit- und Besuchshund

Bei der tiergestützten Therapie ist der Hundebesitzer entweder selbst Profi-Therapeut oder er arbeitet mit seinen vierbeinigen Co-Therapeuten ehrenamtlich. Die Schulung übernehmen verschiedene Organisationen und Vereine. Achtung: Dieser Bereich ist schwer überschaubar und die Ausbildung nicht offiziell geregelt. Nicht alle Angebote sind fachlich fundiert! Seniorenheime, Krankenhäuser, psychiatrische Einrichtungen, Behindertenstätten, Kinderheime und vor allem Kindergärten und Schulen sind Betätigungsfelder, in denen Hundebesuchsdienste in Absprache mit der Haus-, Heim- oder Schulleitung stattfinden. Am Anfang steht ein Wesenstest, dem sich das Training des Mensch-Hund-Teams anschließt. Diese Aufgabe liegt nur nervenstarken, kontaktfreudigen Hovawarten.

Sichere Hovawarte lassen sich auch von Fremden gerne streicheln. Anders kann es aussehen, wenn sie einen Schutzbefohlenen begleiten und sich das Gegenüber übergriffig benimmt.

BITTE ABSTAND HALTEN!

Ich kannte einen Hovawartrüden, der als Blindenführhund arbeitete und von seinem noch restsehenden Besitzer selbst angelernt worden war. Während der dreijährige Schwarzmarkene seine Sache ganz hervorragend macht, hörte ich von der blinden Besitzerin einer blonden Hündin einige gar nicht erfreuliche »Anekdoten« aus dem Führhundalltag. Inzwischen wurde die temperamentvolle Hündin schweren Herzens an eine Familie vermittelt, in der sie ein Leben in Zivil führt und von ihren Führhundaufgaben entbunden ist. Ein anderer Blinder berichtete mir von seiner innigen Beziehung zu seinem Hovawart. Die schwarze Hündin machte als Führhund zwar einen tollen Job, doch es gab Probleme mit übergriffigen Passanten, die den braven Hund entweder naiv tätscheln wollten oder dessen hilfebedürftigem Herrchen in öffentlichen Verkehrsmitteln beim Anbieten von Hilfe zu nahe kamen. Die Hündin sorgte notfalls knurrend für Abstand. Pöbelnde Jugendliche, etwa an Bushaltestellen, wirkten auf den Hovawart besonders gefährlich und er bemühte sich, seinen hilflosen Besitzer zu schützen. Auch für die pflichtbewusste Hündin, die eigentlich ganz in Kurt F. Königs Sinne handelte, eine belastende Situation. Der Blinde hatte inzwischen Sorge, mit seinem überfürsorglichen Führhund in die Stadt zu gehen. Er konnte sich keinen treueren Freund an seiner Seite vorstellen und liebte seine Hündin über alles. Sein nächster Hund im Führgeschirr wird wohl trotzdem kein Hovawart mehr sein.

Beschäftigung im Alltag

Fahrradtraining

Das Traben am Rad lastet aus, tut dem Muskelaufbau und der Entwicklung eines flüssigen Gangwerks gut und hilft beim Ablaufen der Krallen. Mit etwa zwölf Monaten kann der junge Hund in langsamem Tempo erste Erfahrungen neben dem Drahtesel sammeln. Längere Touren sind jetzt aber noch verboten. Auf jeden Fall sollten Sie den HD-Befund abwarten.

Auf Ausdauerprüfungen (AD) mit tierärztlicher Kontrolle kann Ihr erwachsener Fahrradbegleiter über 20 Kilometer mit vorgeschriebenen Pausen seine Kondition beweisen. Im Anschluss zeigt er in einer kurzen Unterordnung, dass er nach der Anstrengung noch voll in der Hand seines Zweibeiners steht.

Futterbeutel-Apport

Der Hundeexperte Jan Nijboer machte das patentierte Preydummy im Rahmen seiner Erziehungsphilosphie Natural Dogmanship® in Deutschland bekannt. Dabei handelt es sich um ein mit Futter befüllbares, verschließbares Dummy, das versteckt oder geworfen wird und vom Hund gebracht werden muss. Der Zweibeiner lässt den Vierbeiner aus dem Futterbeutel fressen, wenn dieser korrekt geholt und abgegeben wurde.

Der Hund darf als Jagdgehilfe des Menschen seine Instinkte ausleben. Die apportierbegeisterten, verfressenen, kooperativen Hovawarte sind nach einer Einführungsphase begeistert bei der Sache. Zudem lieben sie Abwechslung beim Üben und die Futterbeutelarbeit erlaubt zig Variationen. Auch beim Selbstsicherheits- und Anti-Jagd-Training leistet das Preydummy beste Dienste.

Dog-Frisbee

Zahnfreundliche Flugscheiben sind wie gemacht, um Hovawarte auszulasten. Aber Vorsicht: Landungen aus großer Höhe, abrupte Drehungen und das starke Abbremsen belasten Bänder und Gelenke. Außerdem kann die Hetzlust befeuert werden. Nur mit Bedacht ausüben und nicht mit jungen, alten, hyperaktiven oder jagdverrückten Hovawarten trainieren. Hundesportvereine, Hundeschulen und spezielle Clubs bieten Ausbildungen und Seminare an.

Das Dog-Frisbee bietet auch dem Hundehalter eine gute Möglichkeit, sich mit seinem Hovawart zu bewegen.

Antonia und ihre Flugscheibe sind unzertrennlich. Man sollte die Hovawarte aber weder zu hoch springen noch zu hart abbremsen lassen, denn das belastet Bänder, Sehnen und Gelenke.

FLIEG, SCHEIBE, FLIEG!

Unsere schwarzmarkene Antonia liebt ihre Wurfscheibe so sehr, dass sie am liebsten auch im Haus damit spielen möchte. Antonia würde Kurt F. König entzücken, ist sie doch auch sonst ein begeisterter Apportierer. Eine Eigenschaft, die der Rassebegründer mit Intelligenz und Führigkeit verband. Tatsächlich kooperieren Gerne-Bringer mit einem Retriever artigen »Will to please« gerne mit ihren Menschen.

Der Zweibeiner verwaltet quasi die Beute, der Hund richtet seine Aufmerksamkeit in diesem dynamischen Spiel erst auf das Flugobjekt, dann retour auf den Zweibeiner. Artiges Abgeben inbegriffen. Das stärkt die Bindung und lastet Kopf und Körper aus. Überdrehte Hunde sollten allerdings nicht per Flugscheibe gepusht werden. Ideal ist es, die Standruhe aus der Retriever-Dummyarbeit zu üben: Der Hund darf auf Kommando erst losflitzen, wenn die Scheibe schon gelandet ist. So wird die Impulskontrolle trainiert und in Wiesen gleichzeitig die Nase geschult.

Doch welches Modell kaufen? Harte Plastikscheiben für Menschen eignen sich nicht für das zarte Hundemaul. Antonias bestes Exemplar ist aus flexiblem Naturgummi, Durchmesser: 22 cm. Preis: rund sechs Euro. Spaßfaktor: unbezahlbar.

Dog-Dancing

Beim Dog-Dancing geht es um Harmonie zwischen Mensch und Hund im Rhythmus einer zur Choreographie ausgewählten Musik. Das verlangt Disziplin, Führigkeit und Arbeitsfreude. Mit großen Rüden klappen je nach eigener Körpergröße nicht alle Tanzelemente. Harmonieren die Tanzpartner, ist diese elegante Disziplin, die Sprünge, Schrittfolgen und Trickelemente vereint, sehr Hovawart tauglich. Wer mehr will, nimmt an Wettkämpfen teil. Trotzdem nicht gerade eine typische Hovi-Domäne.

Dieser elegante Jungrüde könnte für eine kleine Hundehalterin, die gerne Dog-Dancing betreiben möchte, zu groß sein.

Dummytraining

Mit dem Apportieren können Hovawarte hervorragend ausgelastet werden. Bringen verbessert ohne viel Zubehör Kommunikation, Bindung, Konzentrationsfähigkeit und Teamarbeit. Abschauen lässt sich viel aus der Retriever-Arbeit, inklusive dem Einweisen und der Standruhe. Achtung: Beim Obedience und beim VPG bzw. IPO wird das Apportieren anders trainiert. Werfen Sie keine Dummys, wenn Ihr Hund Jagdlust hat oder überdreht ist. Dann lieber die Ersatzbeute verstecken und suchen lassen. Das gilt auch für den Futterbeutel.

Die Dummyarbeit macht dem Hund großen Spaß und lastet ihn ohne großen Aufwand aus.

Flyball

Bei dieser Hundesportart muss der Hund niedrige Hürden überspringen und erreicht dann eine Ballwurfmaschine, die er mit der Pfote betätigt, woraufhin ein Ball in die Luft fliegt. Der Vierbeiner muss ihn über die Hürden zum Hundeführer bringen. Gestartet wird parallel in zwei Teams mit je vier Hunden. Ein rasantes Spektakel, das selbstständigen, bringfreudigen Hunden liegt. Da die Sprünge flach sind, können gelenkgesunde Hovawarte ab dem zweiten Lebensjahr teilnehmen. Achtung: nichts für Hektiker und Bulljunkies!

Longiertraining

Mit Kunststoff-Zelthaken und Flatterband wird ein großer Kreis abgesteckt, in dem sich der Mensch befindet. Der Hund umrundet ihn an einer langen Leine, ohne den abgesteckten Bereich betreten zu dürfen. Der verordnete Abstand sorgt für eine hohe Aufmerksamkeit des Vierbeiners, der zu gerne in den Kreis käme, aber sanft hinausbefördert wird, sobald er die optische Grenze überspringt. Besonders vierbeinige Kontrollfreaks können vom Longieren profitieren, denn dadurch werden Kommunikation, Vertrauen, Führigkeit, Bindungsaufbau und Distanzkontrolle gestärkt.

Außerdem läuft der Hund dabei viel und wird körperlich beansprucht. Der Hundeführer lernt seinerseits, klare Grenzen zu setzen, für deren Akzeptanz zu sorgen und eindeutig zu kommunizieren. Seminarangebote finden Sie im Internet.

Hovawarte haben eine sehr gute Nase. Die perfekte Basis, um sie im Alltag zu fordern.

Nasenarbeit

Hinter dem Oberbegriff steckt eine Vielzahl kreativer Beschäftigungsmöglichkeiten. Verschiedene Spielzeuge am Geruch zu unterscheiden, bei der Pilzsuche zu helfen oder die Spuren von versteckten Familienmitgliedern zu verfolgen, lässt sich Hovawarten leicht beibringen. Auch hölzerne Intelligenzspielzeuge stellen den Hund vor spannende Schnüffelaufgaben. Das Erlebnis stärkt die Bindung und beruhigt temperamentvolle Hovawartnaturen. Möchten Sie auch klassisch fährten, sprechen Sie das Freestyle-Schnüffeln besser mit Ihrem Ausbilder ab.

Dieser schwarzmarkene Rüde ist ein hervorragender Fährtenhund. Er wird »klassisch« trainiert.

Reitbegleithund

Viele Hovawarte leben mit Pferden in großer Eintracht. Möglich sind Ausritte »zu dritt« oder die Kutschenbegleitung. Zum einen sind erwachsene Hovawarte bei gutem Training ausdauernde Läufer. Zum anderen entwickeln sie in der Regel keine extreme Jagdpassion. Der Gehorsam muss auf Distanz und ohne Leine gefestigt werden. Einige Hundeschulen und Vereine bieten die Ausbildung an.

Ist das Vertrauen hergestellt können zwischen Hovawart und Pferd enge Freundschaften entstehen.

Trickdogging

Viele Trickdogging-Übungen erweisen sich als nützlich im Haushalt, beim Tierarzt oder in der Wurfkiste. Leicht vermittelbar sind Pfote links und rechts geben, Rolle, Slalom durch die Beine, im Kreis drehen, totstellen, spanischer Schritt, das Apportieren ungewöhnlicher Gegenstände (Papier, Wäscheklammer, Gießkanne) und das Bellen auf Kommando. Spaßlektionen bringen selbst Hundeskeptiker zum Staunen. Aufbauen kann man die Lektionen per Clickertraining mit dem Target Stick. Berührt der Hund den »Zeigestock« mit der Nase, wird er sofort bestätigt. Selbst komplizierte Handlungsabfolgen lernt er so im Nu. Auf dem Buchmarkt gibt es sehr nützliche Ratgeber zum Thema.

Beim Trickdogging sind der Fantasie (fast) keine Grenzen gesetzt. Schon einfache Lektionen zaubern dem Betrachter ein Lächeln ins Gesicht.

Einstieg ins Zucht- und Schauwesen

Die ersten Ausstellungen

Zwischen dem sechsten und neunten Lebensmonat können Sie Ihren Junghund auf CAC- und CACIB-Ausstellungen in der **Jüngstenklasse** melden. Die Jugendklasse steht Ihrem Hund vom neunten bis zum 18. Lebensmonat offen. Hier bekommt er erstmals Formwertnoten. »Backfische« starten in der **Zwischenklasse** (15 bis 24 Monate).

Im Schauring. Der Exterieurteil der Körungen erinnert an das Ausstellungsgeschehen. Allerdings wird der Körkandidat nicht gleichzeitig mit Artgenossen vorgestellt.

Nachzucht- und Jugendbeurteilung

Zur **Nachzuchtbeurteilung** im RZV, der **Verhaltensbeurteilung II** in der HZD und der Jüngstenbeurteilung im HC treffen sich zwischen dem sechsten und zwölften Lebensmonat oft ganze Würfe und deren Elterntiere. Die Überprüfung des Erscheinungsbildes verläuft ähnlich wie im Ausstellungsring. Im Wesenstest werden etwa die Unbefangenheit bei der Begegnung mit Fremdpersonen, die Spielbereitschaft, die Bindung sowie die Reaktion auf optische und akustische Reize überprüft.

Gleiches gilt ab dem zwölften Lebensmonat für die **Jugendbeurteilung** im RZV sowie im HC und der **Verhaltensbeurteilung III** in der HZD, bei welchen der Wesenstest anspruchsvoller ausfällt.

Nach allen Veranstaltungen bekommt der Besitzer Bewertungsbögen ausgehändigt. Meldevoraussetzungen, Prüfungsinhalte und -abläufe finden Sie in den Kör- und Ausführungsbestimmungen, die Sie auf den Internetseiten der Vereine einsehen können.

Eine junge Blondine bei der Beurteilung ihres Erscheinungsbildes. Bei der Jüngstenbegutachtung wird der junge Hund auch einem Wesenstest unterzogen. Durchfallen kann er hier noch nicht.

In der Menschengasse geht es um die Reaktion auf optische und akustische Reize.

Vom 24. Monat bis zum 8. Lebensjahr

IV. Die goldenen Jahre

In diesem Kapitel

Der junge Erwachsene
Fütterung und Gesundheit
Karriere auf dem Höhepunkt
Der Deckrüde
Die Zuchthündin

Auch wenn Ihr Hovawart seinen zweiten Geburtstag gefeiert hat, steht er noch längst nicht über den Dingen. Doch im dritten Lebensjahr beruhigt sich sein Temperament merklich. Die anstrengendste Lebensphase liegt hinter Ihnen, selbst wenn er noch zwei weitere Jahre braucht, bis er körperlich und seelisch richtig ausgereift ist. Alle Grundlektionen sitzen. Die Verständigung klappt durch kleinste Gesten. Jetzt zahlen sich die Sorgfalt des Züchters und Ihre Geduld aus. Das Resultat ist ein zuverlässiger und (trotz allem Pathos) treuer Hund. Endlich haben Sie in etwa jenen Hovawart, der Ihnen vorschwebte, als Sie sich für die Rasse entschieden.

Der junge Erwachsene

Achtung, Personenkontrolle!

Auch der netteste erwachsene Hovawart ist ein aufmerksamer Personen- und Objektschützer. Durch die Gegend zu schlendern, ohne auf ihn zu achten, ist daher nicht ratsam. Steht jemand nervös, stumm und stocksteif vor dem Gartentor, wird der Verdächtige verbellt. Staubsaugervertreterverhalten hält ein Hovawart nämlich für meldepflichtig. Sie werden damit zur Personenkontrolle gerufen.

Ist der Fremde für Sie okay, ist er es für Ihren Hund auch. So wünschten sich Vater und Sohn König den nervenstarken Hovawart: Betritt ein Fremder Hovawarts Refugium, beißt ihn ein typischer Rassevertreter nicht, sondern kontrolliert und stellt ihn, ohne dem Eindringling ein Haar zu krümmen.

Keiner nähert sich unbemerkt. Hovawarte sind hervorragende Wächter.

Freund-Feind-Unterscheidung

Auch Ihr irgendwann Ausgewachsener spielt gerne, aber nicht mehr mit jedem Artgenossen. Unsichere Vierbeiner staucht er gerne brüllend zusammen, verfolgt oder bedrängt sie, was kein lustiges Spielen ist, sondern wie Mobbing wirkt und Jagdcharakter hat. Solche Aktionen sollten Sie sofort unterbinden. Ernst wird es, wenn überhaupt, vor allem bei ähnlich großen, ähnlich alten Geschlechtsgenossen, mit denen Ihr Hund konkurriert. Viel öfter pflegt er innige Hundefreundschaften. Zeigt sich ein geliebter Gefährte am Horizont, jubelt er sein Glück laut heraus.

Für Uneingeweihte klingen seine Arien, als stünden Sie Ihrem Hund auf der Pfote! Absolut begeistert sind Hovawarte auch von menschlichen Freunden. Wer liebevoll und locker mit ihnen umgeht, wird im Langzeitgedächtnis abgespeichert und bei jedem Wiedersehen bejubelt – bis ans Ende seiner Tage. Auseinandersetzungen mit vierbeinigen Erzfeinden sind dennoch nie ganz auszuschließen.

Nun lass` mal gut sein, kleiner Cocker. Jetzt spielt Ihr Hovawart zwar immer noch gerne, aber nicht mehr mit jedem Artgenossen.

Solche Begegnungen verlaufen nicht immer so stressarm. Nach den Attacken einer aggressiven Hündin waren meine Hovawarte aber mit mir höchst zufrieden.

DAS DONNERWETTER

Ich ahnte eines Tages nichts Böses auf einem Spaziergang mit Alma und Atlanta, als ich am nicht eingezäunten Grundstück eines Hundebesitzers vorbeiging, der eine aggressive Malinois-Hündin besaß, die mehrfach Hunde und Menschen arztreif gebissen hatte. Plötzlich schoss der Hund wie ein Blitz aus einem Gebüsch und stürzte sich ohne Vorwarnung auf meine angeleinten Hovawarthündinnen. Verdammt und zugenäht! Konnte der Mann nicht auf seinen Hund aufpassen? Alma war mit ihren zwölf Jahren nicht mehr die Standfesteste und dann diese bissige Hündin auf ihrem Rücken! Vom Besitzer keine Spur. Meine Hovawarte wehrten sich, so gut es ging. Endlich erschien der Hundehalter, griff sich seine Furie aus der Luft, die immer wieder neue Attacken starten wollte, und wiegelte die Sache ab. Wie bitte? Mir sprangen grelle Blitze aus den Augen, denen eigentlich eine Unwetterwarnung des Deutschen Wetterdienstes vorausgegangen sein musste. Was ich dem Mann sagte, weiß ich nicht mehr, aber ich war sehr in Rage. Der Nachbar nahm seine Hündin am Halsband und trollte sich wie ein begossener Pudel.

Zum Glück war dank des dichten Fells kein Hund ernsthaft verletzt worden. Doch was war das? Anstatt ebenfalls beeindruckt zu wirken, strahlten mich meine Hovawartdamen beim Weitergehen an, als hätte ich gerade zwei Säbelzahntiger in die Flucht geschlagen. Ihre Mimik sagte eindeutig: »Danke, Frauchen!« Endergebnis dieser unerfreulichen Begegnung: 1:0 für Kerls Urzeithorde.

Ein Gespann aus Hovawart und Deutscher Dogge ist eher ungewöhnlich. Diese beiden ergänzen sich hervorragend.

Rudelerweiterung und Wesen

Viele Hovawarthalter denken jetzt an einen Zweithund. Sozial sehr stabil ist die Verwandtschaftshaltung, denn die Autorität von Hundeeltern und -großeltern wird selten in Frage gestellt. Hat der Jüngere die Führungsstärke, muss aber nicht automatisch der Ältere der Leithund sein. Oft trägt dieser seinen Status auch nicht vorm Bauch und lässt sich erstaunlich viel gefallen. Keine Angst: Führungswechsel verlaufen meist subtil und friedlich. Oft zieht der ältere Hund im Hintergrund die Fäden, bellt etwa nur ganz kurz und schickt den dynamischen, lautstarken Jungen vor, wenn sich z.B. ein Fremder dem Haus nähert.

Hovawarthündin Bela versteht sich prima mit ihrer rumänischen Gefährtin Flocke, einer Ex-Straßenhündin aus dem Tierschutz.

Stellt sich die Frage, ob ein Welpe Unarten Ihres erwachsenen Hovawarts annehmen würde. Hunde beobachten ihre Artgenossen genau und ahmen deren Verhalten nach (Lernen am Modell). Ich konnte aber noch nie beobachten, dass sich Temperament und Persönlichkeitsstruktur 1:1 übertrugen. Hier scheinen Charaktertypen, Genetik und Epigenetik das letzte Wort zu haben. Die Stimmungsübertragung wirkt im Sozialverband dagegen überaus stark. Wichtig ist, dass der Ältere bereits 1a erzogen ist, wenn der Junge einzieht, sonst stehen Ihnen anstrengende Jahre bevor.

Fütterung und Gesundheit

Übergewicht ist keine Lappalie, sondern senkt die Lebenserwartung. Dieser Rüde ist viel zu dick!

Die Ernährung des Gereiften

Als Fertigfutterverwender können Sie spätestens nach dem 18. Lebensmonat auf eine Variante für erwachsene Vierbeiner umsteigen. Fellqualität, Verdauung und Akzeptanz geben Hinweise, ob Sie mit dem Produkt richtig liegen. Hat Ihr Hunde Verdauungsprobleme, sind getreidefreie Trockenfutter und Snacks sinnvoll (etwa aus Kartoffeln und Strauß oder Ente). Hochverdaulich sind auch Produkte auf der Basis von Reis und Huhn oder Lamm. Hyperaktive Hunde sollten nicht zu proteinreich ernährt werden. Wer barft, muss die Rationen jetzt bedarfsgerecht verändern.

Egal, was in seinen Napf kommt: Ihr Hovawart wird dick, wenn Sie ihn wenig bewegen und üppig füttern. Übergewicht erhöht u.a. das Risiko für Bänderrisse, Diabetes, Arthrosen und Krebserkrankungen. Steuern Sie rechtzeitig gegen. Was bekommt Ihr Hund neben seinen Hauptmahlzeiten noch zu fressen? Rohe Möhre statt Ochsenziemer und schon sparen Sie viele Kalorien. Lässt sich zudem sein Bewegungspensum erhöhen?

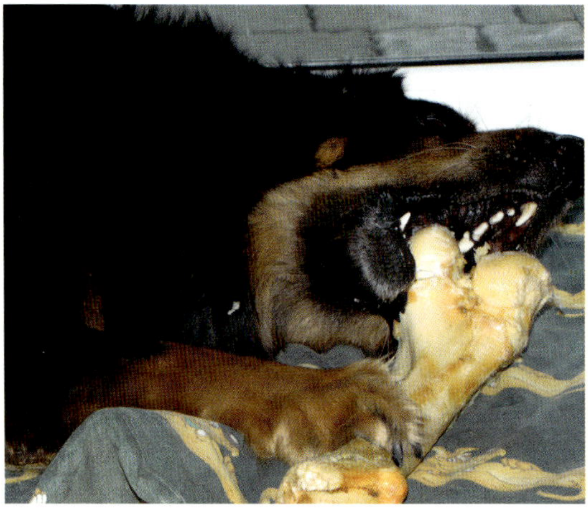

Immer nur Fertigfutter? Gegen Rinderknochen in Maßen ist nichts einzuwenden.

Das Fell in voller Pracht

Regelmäßige Fellpflege beugt Verfilzungen vor, die sich andernfalls hinter den Ohren, in der Befederung der Vorderläufe, an den Hosen, zwischen den Zehen und im Innenschenkelbereich bilden. Kastraten können regelrecht zuwachsen. Im Fellwechsel kommen Spezialkämme zum Entfernen loser Unterwolle zum Einsatz. Das tote Haar juckt: Abhaarende Hovis kratzen sich, als säßen sie voller Flöhe. Trotz ihrer Robustheit sind sie nämlich empfindlich, was

HILFE, HOTSPOT!

Welche Folgen eine nachlässige Parasitenvorsorge haben kann, erlebten wir mit unserer schwarzmarkenen Antonia, genannt Tonia. Im Spätherbst verzichteten wir auf den Einsatz von Spot-ons, da die Zecken-Hauptsaison vorbei war. Nicht mehr Chemie als unbedingt nötig! Eines Abends fiel mir eine feuchte Fellstelle oberhalb Tonias Rutenwurzel auf, ich dachte mir aber nichts dabei. Leider! Am nächsten Morgen blickte ich entsetzt auf einen nässenden, großen Bezirk auf ihrem Rücken, der tranig roch. Antonia hatte nachts die juckenden Stelle mit den Zähnen bearbeitet ... Schmerzempfindlichkeit und Juckreiz waren groß. Sofort zum Tierarzt! In der Praxis wurde Antonia unter Qualen die Kruppe geschoren und desinfiziert. Diagnose: »Hotspot«. Für uns eine neue Erfahrung. Es folgten schulmedizinische, naturheilkundliche und homöopathische Maßnahmen. Unsere Tapfere trug Tag und Nacht einen transparenten Trichter, um das Weiterknabbern zu verhindern. Der schonendere Mondkragen (ein aufblasbarer, weicher Halsring, der das Belecken von OP-Wunden & Co. verhindern soll) hatte sich als zu unsicher erwiesen.

Um sich Flöhe einzuhandeln, muss der Hund nicht unbedingt Kontakt zu verflohten Artgenossen haben. Antonia reichte dafür eine Igelbegegnung im Garten.

Und die Ursache? Als Antonia sich wenige Tage nach dem Scheren ruckartig zum Hotspot umsah, strich ich ihr das Haar neben dem angegriffenen Areal vorsichtig auseinander: und starrte auf einen Floh-Trupp, der fröhlich durch ihr Fell wuselte und mir frech zuzuwinken schien. Anti-Flohbehandlung! Sofort! Nicht nur beider Hunde, sondern des ganzen Hauses samt Lagerstätten und Liegedecken. Doch der Hotspot war auch ohne Flohspeichelnachschub hartnäckig. Das Besprühen mit Kollodialem Silberwasser, der Tipp einer Hundefreundin, ließ die letzten Wundherde endlich abheilen. Tonia roch bald wieder angenehm nach Tonia. Weniger Wochen später sah ihr schwarzer Pelz wieder aus wie neu. Aber woher stammten die Flöhe? Aus unserer Gartenhecke. Einige Tage vorm Ausbruch hatte Antonia dort einen Igel aufgestöbert und versuchte, den Stachligen zu greifen, bevor ich eingreifen konnte. Körperkontakt mit einem Flohtaxi! Eine Anti-Floh-Behandlung bekommen unsere Hunde seitdem regelmäßig. Der Igel darf bleiben. Aber seinen Flohzirkus kann er gerne behalten.

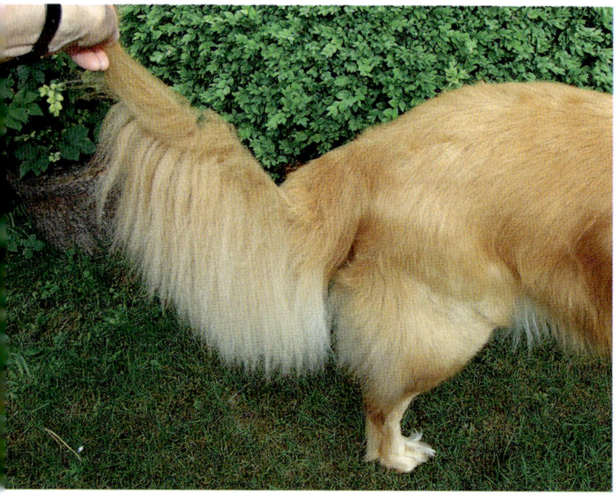

Die üppige Buschrute eines kastrierten Rüden. Kastraten können sehr zuwachsen. Aber nicht alle werden wollig.

Die Gesundheit des robusten Hovawarts sollte man buchstäblich im Auge behalten. Die Rasse gilt aber als sehr gesund.

Haut und Pelz betrifft. Selbst den imposantesten Rüden irritiert es, wenn sich ein Ästchen in seinem Haar verfängt. Im Schnee bilden sich Schneekugeln an der Befederung. Eis schmerzt zwischen den Zehen und wird herausgeknabbert. Streusalz brennt, wenn die Ballenhaut dabei verletzt wurde oder feine Risse hat. Ob Hirschhorntalg, Melkfett, Vaseline, Pferdemähnenspray, Pfotenschuhe (Booties) oder das Kürzen der Zwischenzehenbehaarung. Beim Vorbeugen hilft nur: ausprobieren. Bitte sorgen Sie weiter für eine sorgfältige Parasitenabwehr.

Schnee kann für Hovawarte mit üppiger Befederung im Winter durchaus zum Problem werden.

Gebiss- und Körperpflege

Jetzt steigt das Zahnsteinrisiko. Idealerweise haben Sie Ihren Hovawart ans Zähneputzen gewöhnt. Harte Hundekuchen, Ochsenziemerabschnitte, getrocknete Rinderkopfhaut, Zahnreinigungssnacks und -kaustreifen, Büffelhautknochen, rohe Möhren sowie frische Kalbsknochen und Zahnpflegespielzeug regen Kautätigkeit und Speichelfluss an und säubern die Zahnoberflächen.

Weiche Zahnbeläge lassen sich mit Schlämmkreide oder Wasserstoffperoxid entfernen. Andernfalls übernimmt der Tierarzt die Zahnreinigung, wenn Ihr Hund mal in Narkose gelegt werden muss.

Kontrollieren und säubern Sie bei Bedarf die Behänge, damit sich keine Otitits externa, der gefürchtete Ohrenzwang, entwickelt. Lassen Sie bei chronischen Ohrproblemen die Schilddrüsenwerte überprüfen. Bei verstopften Analdrüsen rutscht der Hund auf dem Po als habe er Würmer oder beknabbert seine Kruppe. Manchmal tritt eine übel riechende Flüssigkeit aus. Ist der Stuhlgang zu weich, entleeren sich die Analdrüsen nicht mehr, das ölige Sekret staut sich, Bakterien darin lösen

Hier schmerzt kein Hüftgelenk. Der Hovawart gilt als Vorzeigerasse, wenn es um die erfolgreiche züchterische Bekämpfung dieser erblichen Skeletterkrankung geht.

ERFOLGREICHE HD-BEKÄMPFUNG

Dr. Bernd Tellhelm, Vorsitzender der Gesellschaft für Röntgendiagnostik genetisch beeinflusster Skeletterkrankungen bei Kleintieren e.V. (GRSK) stellte auf einer Tagung von Zuchtverantwortlichen der VDH-Mitgliedsvereine Anfang November 2014 in Dortmund eine interessante Statistik vor. Demnach war die in den vergangenen Jahrzehnten durchgeführte HD-Zuchtselektion beim Hovawart sehr erfolgreich.

Noch Anfang der 1980er Jahre gab es laut Dr. Tellhelm folgende Verteilung von HD-Befunden innerhalb der Rasse Hovawart: 70% A, 12% B, 12% C, 5% D und 1% E. 2014 wurden registriert: 95% A, 1,6% B, 2,6% C, 0,2% D und 0,2% E.

Das macht sie zu einer Vorzeigerasse im Kampf gegen die Hüftgelenksdysplasie, auch wenn der Anteil nicht idealer Hüften nach einem gemeinsamen Gutachterwechsel der VDH-Hovawart-Zuchtvereine inzwischen wieder stieg.

Alles okay mit dem Gebiss? Ausgewachsene Hovawarte neigen zu Zahnstein.

Steht der Haarwechsel an, sind Kamm, Bürste und Staubsauger im Dauereinsatz. Dazwischen ist das Fell pflegeleicht.

Die weiße Pracht kann schmerzende Mini-Gletscher zwischen den Zehen bewirken.

eine Entzündung aus. Der Tierarzt drückt die Analdrüsen aus und spült sie. In hartnäckigen Fällen bleibt nur die OP. Füttern Sie zur Vorbeugung genügend Ballaststoffe.

Seltene Erbkrankheiten

Sehr erfreulich: Kaum noch Hovawarte leiden an einer leichten, mittelgradigen oder schweren **Hüftgelenksdysplasie (HD)**. HD-A und HD-B sind heute die häufigsten Befunde. Schon vor Jahrzehnten führten die FCI-Hovawart-Rassezuchtvereine das HD-Pflichtröntgen für künftige Zuchthunde ein. Vorreiter war der RZV. In allen VDH-Hovawart-Zuchtvereinen werden nur Hovawarte mit HD-A1/-A2 sowie HD-B1/-B2 zur Zucht zugelassen. Wie die Vereine im Detail bei der Zuchtplanung mit dem Faktor HD umgehen, ist in den Zuchtordnungen nachzulesen.
Könnte ein HD-Gentest eines Tages Anlageträger schon im Welpenalter ausfindig machen? Wissenschaftliche Studien klangen erst vielversprechend, doch noch sind viele Fragen offen.
Eine erbliche Veranlagung besteht nicht nur bei dieser Rasse für die angeborene **Schilddrüsenun-**

Bestens gepflegte Fellpracht. So schön glänzen die Blonden nie. Eine schwarze Hündin in vollem Haarkleid.

Zehnjährige Hündin mit DM-Verdacht. Nur die Befundung von Rückenmarksgewebe erlaubt eine sichere Diagnose.

terfunktion (Hypothyreose). Auf diese hormonelle Erkrankung können ein schütteres, stumpfes, trockenes, schuppiges Haarkleid und eine schwach behaarte Rute hinweisen. Betroffene Hovawarte neigen trotz normaler Fütterung zur Verfettung und leiden unter Lethargie oder Stressanfälligkeit. Sie haben einen verlangsamten Herzschlag, schauen durch verdickte Hautbereiche im Gesicht traurig drein und können Fruchtbarkeitsstörungen zeigen. Bei richtiger Medikation führen sie ein beschwerdearmes Leben, haben aber Zuchtverbot. In der HZD müssen Zuchthunde auf Hypothyreose getestet werden.

Überwiegend im Alter erkranken manche Hovawarte an **Spondylose**, dem **Cauda Equina Syndrom (CES)** oder der **Degenerativen Myelopathie (DM)**. Diese Erkrankungen unterschiedlicher Ursache verursachen Bewegungsstörungen. Straucheln, Lahmheit, Lähmungen der Hinterhand, Schmerzen beim Druck auf das Kreuzbein, abnormes Aufsetzen der Hinterpfoten, Nachziehen der Zehen, eine unbewegliche Rute, die plötzliche Verweigerung von Sprüngen (etwa ins Auto), Probleme beim Treppenlaufen und unkontrolliertes Absetzen von Harn und Kot sollten umgehend tierärztlich abgeklärt werden. Heilbar sind diese oft zum Einschläfern führenden Erkrankungen nicht. Man versucht, die Beweglichkeit so lange wie möglich durch Medikamente und Physiotherapie zu erhalten. Es existiert ein Gen-Test (SOD1-Mutation), dessen Wert für die züchterische DM-Bekämpfung aber fraglich ist.

Herzkrankheiten sind beim Hovawart selten, wobei am ehesten **Aortenstenosen** von Bedeutung sind. Hierbei ist die Hauptschlagader eingeengt und durch einen Ring aus Bindegewebe wird eine übermäßig starke Pumpleistung der linken Herzkammer erzwungen. Einzelfälle und familiäre Häufungen werden züchterisch beachtet und registriert.

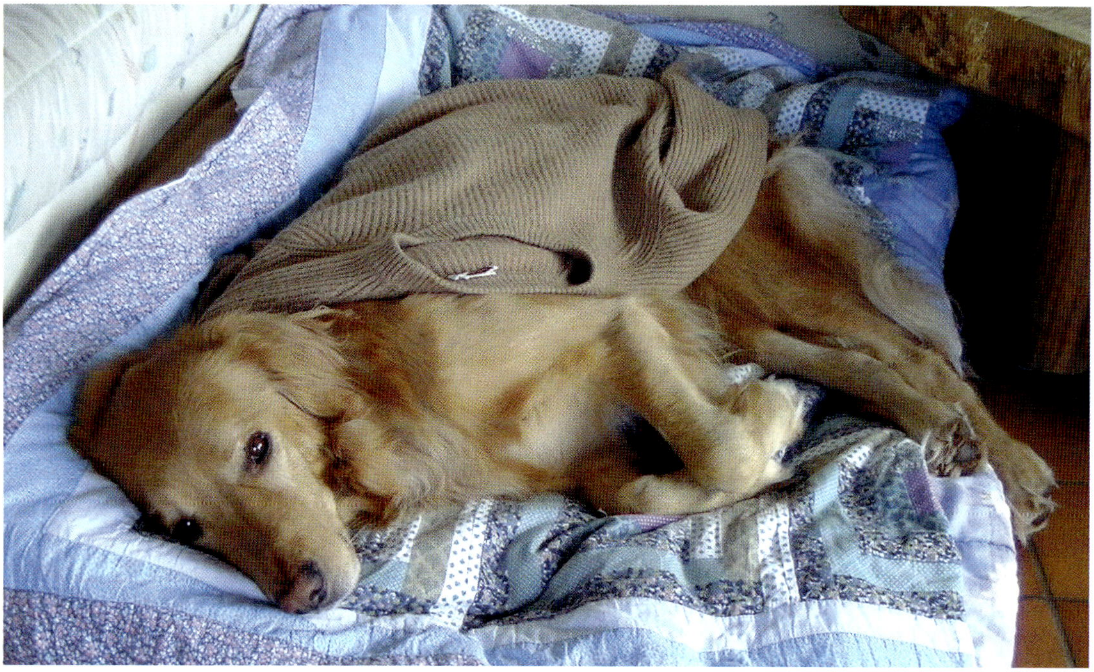

Die Bekämpfung von Erbkrankheiten gehört zu den wichtigsten Aufgaben der Rassezuchtvereine.

Im RZV lassen manche Züchter ihre Hunde vor der Zuchtverwendung freiwillig auf erbliche Herzkrankheiten untersuchen. Einzelfälle gibt es bei erblichen **Augenerkrankungen** wie dem **Katarakt** (Linsentrübung, Grauer Star) und der **Konjunktivitis follicularis**, eine durch Viren verursachte Bindehautentzündung. Im RZV gehört die Freiheit von erblichen Augenerkrankungen zu den Pflichtnachweisen für angehende Zuchthunde.

Ein ebenfalls seltenes Phänomen ist der **Lebershunt**, eine anormale Verbindung (Shunt) zwischen dem zu- und abführenden Hauptblutgefäß der Leber. Diese Umleitung führt dazu, dass das herangeführte Blut teilweise ungereinigt die Leber umfließt. Mehrere Hovawartvereine unterstützen die Lebershunt-Erforschung. Nur wenige Hovawarte erkranken an der Autoimmunkrankheit **Sebadenitis** (rund 0,23 %), einer entzündliche Talgdrüsenzerstörung unterschiedlicher Schweregrade, die mit büschelweisem Haarausfall, stumpfem Fell, schuppiger, juckender Haut und oft einem unangenehmen Geruch einhergeht. Die Erkrankung ist unheilbar, man kann nur ihre Symptome lindern.

Ein Zuchtverbot gilt auch für Hunde mit **verkürztem Unterkiefer (VUK)** oder erblicher **Rutenwirbelanomalie (RA).** Diese Erbdefekte werden, wie die HD, bei der Zuchtplanung berücksichtigt.

Forschungsprojekte unterstützen

Um die beim Hovawart seltenen Erbkrankheiten besser zu verstehen und Gentests entwickeln zu können, besteht erheblicher Forschungsbedarf. Bekannt wurde diesbezüglich die Privatinitiative von Reinhold Eysel, dessen Rüde Dex wegen einer DM erlöst werden musste. Sein Besitzer ließ daraufhin die Traditionsfirma Steiff Plüsch-Hovawarte anfertigen, durch deren Kauf man die Erforschung dieser heimtückischen Erkrankung unterstützen konnte. Dabei kamen rund 25.000 Euro zusammen, die in verschiedene Forschungsprojekte investiert wurden. Das vereinsübergreifende DM-Netzwerk berät Besitzer (vermutlich)

DM-kranker Hovawarte bei Fragen rund um die Diagnostik und führt eine Liste hierfür geeigneter Tierkliniken. Die vom VDH unterstützte Gesellschaft zur Förderung kynologischer Forschung (GKF) finanziert Forschungsprojekte rund um die Hundegesundheit. An mehreren Forschungseinrichtungen widmen sich Wissenschaftler den Erbkrankheiten speziell des Hovawarts und arbeiten an der Entwicklung genetischer Testverfahren. Im RZV und in der HZD wird allen Welpen vor der Abgabe Blut entnommen und für Forschungsprojekte in einer DNA-Datenbank hinterlegt.

Lebenserwartung und Todesursachen

Der Schweizerische Hovawart Club (SHC) veröffentlichte 2010 eine Studie über den Gesundheitszustand des Hovawarts. 90,7 Prozent der befragten 450 Hovawartbesitzer zeigten sich demnach zufrieden mit der Gesundheit ihrer Vierbeiner. Mehr als ein Drittel der verstorbenen SHC-Hovawarte verschieden altershalber, gefolgt von den Todesursachen Krebs (vor allem Gesäuge-, Knochen- und Lymphdrüsentumore) und Hinterhandschwäche. Beides ereilte vorrangig Hovawarte im hohen Lebensalter. Die Langlebigkeit ist auch erklärtes Zuchtziel der drei VDH-Hovawart-Zuchtvereine, die ebenfalls Gesundheitsumfragen unter ihren Mitgliedern durchführen. Der RZV veröffentlicht zudem Todesfälle in seiner Vereinszeitschrift »Der Hovawart«. Derzeit (2022) liegt das durchschnittliche Sterbealter vereinsübergreifend bei etwa 11 Jahren.

Vergleicht man die Hovawartpopulation mit der genetischen Belastung anderer Rassen, steht es nach wie vor gut um die Hovi-Erbgesundheit. In allen Hovawartvereinen gibt es Linien mit Exemplaren, die 15, 16 und sogar 17 Jahre alt wurden. Um die Lebenserwartung der Rasse langfristig zu erhöhen, sollten den Vereinen alle verstorbenen Hovawarte und die Gründe für ihr Ableben gemeldet werden. Das Sammeln und Auswerten dieser Daten ist wichtig, um mehr über die Verbreitung von Erbkrankheiten zu erfahren und ggf. zuchtstrategisch einwirken zu können.

Privates Engagement machte es möglich: Plüsch-Hovawart Dex half, Geld für die Erforschung der Erbkrankheit DM zu sammeln.

Karriere auf dem Höhepunkt

Kriterien für die Zuchtzulassung

Um für die Zucht zugelassen zu werden, braucht der Hovawart die erforderlichen Gesundheitsbescheinigungen, die Nachweise für das Bestehen der Zuchttauglichkeitsprüfung bzw. Körung sowie die Richterberichte mit denen vom Verein geforderten Mindestformwertnoten. Beim RZV reicht ein »Gut«, in der HZD und im HC müssen zweimal die Mindestformwertnote »Sehr gut« auf VDH-termingeschützten Ausstellungen erreicht worden sein. Die Kriterien für die Zuchtzulassung unterscheiden sich im Detail von Verein zu Verein erheblich und sind nicht für alle Zeiten in Stein gemeißelt. Aktuelle Informationen bekommen Hovawarthalter mit Zuchtambitionen auf Züchterschulungen und durch die Kör- und Zuchtordnung, zu finden auf den Internetseiten der Vereine. Auch der eigene Züchter und der Zuchtleiter helfen gerne weiter.

Teilnahme an Ausstellungen

Jetzt geht die Schaukarriere in die entscheidende Phase. In der Offenen Klasse ist die Teilnahme vom 15. Lebensmonat an möglich. Den Hund so früh in der »Offenen« zu melden, ist aber nicht sinnvoll, weil der Jugendliche gegen die erwachsene Konkurrenz in der »OK« kaum Chancen hätte. Er gehört noch in die Zwischenklasse. Haben Sie ein besonders rassetypisches Exemplar, das sich im Ring von seiner besten

Seite zeigt, kann es Anwartschaften sammeln und nach der Verleihung des Titels durch den Verband in der Championklasse laufen. Besonders begehrt ist das BOB (Best of Breed). Es wird nach mehreren Stechen an den schönsten Hund der Ausstellung verliehen. Vielleicht braucht Ihr Hund aber auch nur seine Mindestformwertnote(n) für die Zuchtzulassung.

Einfach edel: Ein typischer Hovawartrüde, der seiner Rasse auch in der Zucht Ehre macht.

Besitzer erfolgreicher Hovawarte verbringen so manches Wochenende an und im Ausstellungsring.

Alma war eine richtige Diva und bestand auf die Einhaltung ihrer Rituale. Dazu gehörte die Fütterung um 12 Uhr. Hungrig ging im Ring gar nichts.

12 UHR MITTAGS

Nicht nur in möglichst vielen Punkten dem Rassestandard zu entsprechen, macht den Erfolg eines guten Ausstellungshundes aus. Wichtig ist auch, dass sich der Vierbeiner im Ring optimal zeigt und gekonnt vorgeführt wird. Unsere schwarzmarkene Alma war eine sehr schöne, rassetypische Hündin, die auf einigen Ausstellungen ins Stechen um den Titel »Schönste Hündin« kam, nachdem sie das V1 in der Offenen Klasse errungen hatte. Während sie in der »OK« noch flott und federnd mit viel Schub aus der Hinterhand durch den Ring geschwebt war, verlief das Stechen ganz anders. Unsere eigenwillige Diva wurde immer langsamer, sah ständig zum Ringausgang und machte absolut keinen freudigen Eindruck. Wir grübelten und grübelten. An ihrer Kondition konnte es nicht liegen. Alma war sehr gut bemuskelt, topfit und morgens ja noch schön gelaufen. Während einer CAC-Schau kam mir die Erleuchtung. Die Offene Klasse Hündinnen wurde vormittags ausgetragen, dann kam die Mittagspause und ganz zum Schluss mussten die Gewinner ihrer Klassen ins Stechen um die Titel. Für Alma bedeutete aber 12 Uhr = Mittagessen! Dieses Ritual bedienten wir natürlich nicht auf Schauen, schließlich sollte sie nicht mit vollem Bauch laufen. Doch warum ihr nicht einfach in der Mittagspause die Hälfte der üblichen Ration füttern und schauen, ob das gestillte Bedürfnis wirkte? Und wie es wirkte: Alma lief satt und zufrieden wie verwandelt, wurde mehrfach »Schönste Hündin« und bekam mit elf Jahren noch das BOB zuerkannt.

ZTP mit Bravour bestanden! Dieser typvollen schwarzmarkenen Hündin steht nun der Einstieg in die Zucht offen.

Die Zuchtveranstaltungen heißen, wie bereits angesprochen, in allen Hovawart-Vereinen anders; auch die Modalitäten weichen voneinander ab und werden immer wieder überarbeitet, in der Praxis getestet und dann etabliert. Das gilt auch für den Wesenstest der Zuchttauglichkeitsprüfung. Bei jeder ZTP geht es zuerst zur Beurteilung des Phänotyps. Hier wird das Erscheinungsbild des Hundes auf der Grundlage des Rassestandards begutachtet und in einem Körbogen beschrieben. Das Prozedere gleicht der Teilnahme an einer Ausstellung, nur ist der Körkandidat alleine mit Halter und Richter im Ring. Beurteilt werden Gesamterscheinung, Ernährungszustand, Gebäude, Widerristhöhe, Gesamtformat, Knochenstärke, Bemuskelung, Haarfarbe, Pigment, Fell, Kopf, Lefzen, Gebiss, Augenfarbe, Behang (Ohren), Brustentwicklung, Rücken, Rute, Vorder- und Hintergliedmaßen, Kruppe, Pfoten und Gangwerk. Dann folgt die Beurteilung der Wesensveranlagung. Im Körbogen werden erwünschte und unerwünschte Reaktionen in den verschiedenen Körsituationen festgehalten. Wie schon beim Junghund, so werden erneut Unbefangenheit, Spielverhalten, Temperament, Bindung an den Hundeführer, Stressbewältigung und nervliche Belastbarkeit der Kandidaten optisch, akustisch und mit Hilfe von Fremdpersonen, einzeln und in Gruppen, geprüft. Allerdings sind jetzt die Anforderungen noch höher als in der Jugend des Hundes. Wenn alle Zuchtvoraussetzungen erfüllt sind (siehe die Kör- und Zuchtordnungen des jeweiligen Vereins), wird der Zuchtwunsch vielleicht immer konkreter.

Sein Nachwuchs macht stolz, aber ein Rüde muss nicht unbedingt Vater werden. Könnte er aber die

Wegen einer leichten HD (C1) leider nicht zuchttauglich: unsere Atlanta. Die Zuchttauglichkeit ist das Sahnehäubchen. Fest damit rechnen sollte man besser nicht.

ZU FRÜH GEFREUT

Das jähe Ende aller Zuchtambitionen ist trotz bester Vorbereitungen nicht auszuschließen. Ich kenne eine blonde Hündin, bei der auf einer Schau eine Rutenanomalie festgestellt wurde. Die Entscheidung der Zuchtleitung nach dem Einholen eines Röntgengutachtens: »Nicht zur Zucht zugelassen«. Der schwarzmarkener HZD-Rüde einer Freundin wurde wegen seiner Ringelrute abgekört. Bei einer Hündin in meinem Bekanntenkreis lautete kürzlich die tierärztliche Diagnose: Schilddrüsenunterfunktion. Zuchtvorhaben ade. Auch zuchtausschließende Zahnfehler machen alle Zuchthoffnungen zunichte. Die schwarze RZV-Hündin meiner Eltern hatte einen kleinen weißen Fleck in der Bauchnabelgegend. Diese Stelle sieht der Rassestandard für Weiß nicht vor, an der Brust wäre der Fleck kein Problem gewesen. Unsere Hündin Antonia ist auch nicht zuchttauglich, obwohl sie eine A1-Hüfte hat und die ZTP bestand: Sie ist mit 69 cm zu groß! Ihre Gefährtin Atlanta hatte eine leichte HD (C1). Solche und ähnliche Fälle gibt es in allen Vereinen. Letztlich gehört auch Glück dazu, um aus dem jungen Hovawart eines Tages einen Zuchthund werden zu lassen. Wir würden unsere Hunde niemals abschieben, nur weil wir mit ihnen nicht züchten dürfen.

Der Deckrüde

Kosta vom Wittlerdamm, ein bekannter HZD-Deckrüde, der die Zucht im In- und Ausland positiv beeinflusste.

Rasse in Gesundheit, Wesen und Schönheit verbessern und sind alle Zuchtvoraussetzungen erfüllt, wird er in die Deckrüdendatei aufgenommen. Hat ein Züchter Interesse und gab die Zuchtleitung grünes Licht, wird es aufregend: Wann wird die Hündin heiß? Steht der Rüde an Platz zwei oder drei auf der Kandidatenliste, könnte ein anderer zum Zuge kommen. Deckrüdenbesitzer müssen ihre Hunde in bester körperlicher Verfassung halten. Sie sollten zudem

Kommen diese Brüder nach ihrem Vater? Wenn alle Voraussetzungen stimmen, macht der Nachwuchs des eigenen Rüden stolz.

zeitlich flexibel sein: Es wurden schon Sommerurlaube umgebucht, Weihnachtsfeiern verschoben und die verrücktesten Treffen auf Parkplätzen oder Hotelhinterhöfen auf halber Ferienstrecke vereinbart, denn der Zyklus der Zuchthündin gibt den Termin für das Rendezvous vor.

Längst nicht alle Rüden in der Deckrüdenkartei werden auch wirklich angefordert. Und wenn, dann ist die Zahl ihrer Einsätze begrenzt.

Die Zuchthündin

Wenn alles gut läuft, gibt es kaum etwas Beglückenderes, als die Aufzucht eines Wurfes.

Und die Hündin? Sie ist beim Zuchteinsatz mindestens 24 Monate alt (viele Züchter lassen die Hündin aber nicht vorm dritten Lebensjahr belegen) und hat alle vom Verein geforderten Gesundheits-, Schau- und Körergebnisse auf der Habenseite. Ihre Menschen ließen beim Verband einen Zwingernamen schützen und nahmen an Züchterseminaren teil. Ein Zuchtwart prüfte zuvor die Zuchtstätte in spe. Erst jetzt gibt es die Zuchtgenehmigung. Eine Homepage

Rechtschaffend müde nach der problemlosen Geburt von acht gesunden Welpen. Das Daumendrücken hat sich gelohnt.

wird erstellt. Nach gründlicher Recherche schlägt der Zuchtleiter Neulingen Rüden vor. Erfahrene Züchter wissen, welche Vererber am besten zu ihrer Linie passten. Doch die Zuchtleitung muss die Wunschrüden auch dann abnicken oder vielleicht sogar einen vereinübergreifenden Deckakt vom Kollegen im Kollegialverein genehmigen lassen. Jetzt können die Deckrüdenbesitzer kontaktiert und alle Unterlagen ausgetauscht werden.

Endlich wird die Hündin läufig. Nach einigen Tagen geht es zum Tierarzt, um per Progesterontest und Scheidenabstrich den idealen Deckzeitpunkt einzugrenzen. Und dann heißt es: »Fahren Sie zum Rüden!« Oft wohnt der (hoffentlich) werdende Hundevater Hunderte von Kilometern entfernt. Manche Deckakte gelingen am 9. Tag der Läufigkeit, andere am 20. Der 13./14. Tag ist typisch, aber viele Hündinnen halten sich nicht an Faustregeln. Ist der Termin ideal, kann das Belegen schnell gehen. Flirten die Verliebten bloß heftig? Nur Geduld! Wenn zwischen dem Hundepaar auch später oder am nächsten Morgen nichts passiert, geht es zum nächsten Rüden, der hoffentlich erfahrener ist. Ah, jetzt sieht das Flirten schon vielversprechender aus! Hat das Eindringen funktioniert, wird die Hündin gehalten, damit sie mit dem Deckpartner auf dem Rücken nicht vorwärts geht. Nach dem Hängen, bei dem die Hunde etwa zwischen drei und 45 Minuten Po an Po stehen, lösen sie sich. Nach ausgelassenem Toben und Belecken ruht sich die Hündin im Auto aus. Am nächsten Tag kommt sie zum Nachdecken. Das ist nicht zwingend nötig, aber warum sollte das Hundepaar seine Instinkte nicht noch einmal ausleben dürfen? Und dann: warten und Daumen drücken.

Das Decken geht manchmal ganz schnell, manchmal braucht man viel Geduld. Brenda und Buran suchten sich dafür einen besonderen Ort aus.

GUT DING WILL WEILE HABEN

Das erste Belegen unserer blonden Hündin Brenda klappte trotz vorheriger Deckzeitpunktbestimmung nicht auf Anhieb. Der erste Rüde auf der Liste hatte zu wenig Kondition und wurde morgens, mittags und nachmittags von ihr regelrecht abgewatscht für seine hilflosen Versuche, sie zu besteigen.
Wir versuchten es abends erneut. Erfolglos. Waren wir 600 Kilometer umsonst gefahren? Entnervt reisten wir am nächsten Tag weiter – in die Schweiz. Bei diesem erfahrenen Deckrüden wurde im Garten immerhin geflirtet, zum Äußersten kam es auch hier nicht. Die Besitzerin blieb ruhig und schlug uns einen Spaziergang vor.

Eine Stunde verging in wunderschöner Landschaft mit erfolglosen Aufreitversuchen, bis wir den Weg zurück einschlugen. Vielleicht war es doch nicht der ideale Tag? Abhaken für den Moment. Unvermittelt ein neuer Versuch des Rüden, ein Aufschrei der Hündin – und das Decken vollzog sich an der Leine. Mitten auf einem öffentlichen Fußweg an einer viel befahrenen Straßenkreuzung! Das Hängen dauerte gefühlte Ewigkeiten, die Autos fuhren immer langsamer und wir befürchteten kichernd eine Massenkarambolage. Plötzlich näherte sich eine Gruppe munterer Seniorinnen auf dem Gehsteig. Die Damen bekamen auf Höhe des pelzigen Hochzeitspaares den Mund nicht wieder zu. Doch wir versicherten strahlend, dieser Akt der Liebe sei ganz im Sinne unserer hundlichen Familienplanung.

63 Tage später kam das Ergebnis der Straßenhochzeit zur Welt: ein schöner Wurf mit sieben ausgesprochen fröhlichen Hundekindern.

Ganz die Mama (Mitte), die langsam in die Jahre kommt. Rührend, wie ähnlich ihr die Nachkommen sehen.

Mit Schwung ins Alter! Dass aus dem geliebten Hund langsam ein Senior wird, ist kaum zu glauben.

Am Ende der goldenen Jahre

Wenn der Hovawart älter wird, ist es rührend, seine Züge in denen seiner Nachkommen zu entdecken. Vielleicht züchten Sie mit einer Nachzuchthündin weiter oder ehemalige Welpenkäufer wurden zu Züchtern. Ihr »Zwinger« bescherte Ihnen neue Freundschaften und intensive Erlebnisse. Ihre Stammhündin hatte vielleicht kürzlich ihren letzten Wurf und bleibt Mittelpunkt jedes Hovi-Familientreffens.

Haben Sie weder gezüchtet noch Hundesport betrieben, verliefen die goldenen Jahre ruhiger. Freuen Sie sich so oder so auf jene Zeitspanne, die Sie mit Ihrem Hovawart noch vor sich haben – trotz der Melancholie, die Sie jetzt manchmal beim Betrachten Ihres gealterten Hundes beschleichen dürfte. Viele betagte Hovawarte sind fit bis ins hohe Alter und wirken auf Laien weitaus jünger als sie sind. Doch die Zeit vergeht unaufhaltsam.

Er wurde von seiner Familie heiß ersehnt. Zwei Jahre später wurde er zum Scheidungswaisen, weil er beim Neuanfang störte. Solche Enttäuschungen müssen Züchter verkraften.

DAS GEBROCHENE VERSPRECHEN

Neben schönen Erlebnisse mit Zwei- und Vierbeinern gehören auch Enttäuschungen zum Züchten. Es ist z.B. nicht zu fassen, wie schnell manchmal die Bande der Liebe mit der Machete gekappt werden, die doch eigentlich für immer und ewig geknüpft wurden. Nie hätte ich gedacht, dass etwa ein schwarzmarkener Sohn unserer Alma, heiß ersehnt von der ganzen Familie, in den ersten Jahren optimal geprägt, toll erzogen und voll integriert, wegen der Trennung seiner Besitzer mit zwei Jahren herzlos vor die Tür gesetzt werden würde. Zum Glück kam er nach einem kurzen Züchter-Zwischenstopp bei einer guten Hundefreundin von mir unter, die viel Erfahrung mit Vierbeinern aus dem Tierschutz hat. Und wissen Sie, was mit Tränen in den Augen einst bei der Welpenübernahme von den Käufern gesäuselt worden war? »Ihr habt uns einen Prinzen geschenkt!« Auch Adel schützt nicht vor Schicksalsschlägen.

Vom 8. Lebensjahr bis zum Abschied

V. Der Lebensabend

In diesem Kapitel

Der Hovawart geht in Rente
Fütterung und Gesundheit
Der weise Hovawart
Der Abschied naht

Der Hovawart geht in Rente

Wenn Sie eine Zuchthündin haben, ist sie nun im verdienten Zuchtruhestand und hatte vielleicht die vom Verein begrenzte Anzahl Würfe; in der Regel waren es nicht mehr als drei oder vier. Zog Ihre Hündin in einem Wurf mehr als acht Welpen auf, wurde ihr laut Zuchtordnung eine längere Wurfpause gegönnt, um ihr die nötige Erholung zu verschaffen. Rüden dürfen im RZV bis zum vollendeten zehnten Lebensjahr decken. Im HC und in der HZD gibt es für Deckrüden keine Altersgrenze, in der HZD zählt nur die Begrenzung der Deckakte. Fünf Deckeinsätze im eigenen Verein sind das übliche Limit.

Hovawart-Seniorin Leentje und ihre Tochter Cari waren erfolgreiche Zuchthündinnen. Auf CACIB-Schauen zeigten sie Hovawartinteressenten am HC-Infostand, was gelassene Hovis ausmacht.

Auf Ausstellungen geht es ab dem achten Lebensjahr in den Veteranenring; kastrierte Rüden dürfen leider nicht teilnehmen Dafür bekommen auch die Senioren Formwertnoten. Schöne, vitale Oldies können »Bester Veteran der Rasse« werden oder Anwartschaften auf den Titel »Deutscher Veteranen-Champion VDH« sammeln. Besonders typischen Exemplaren wird auch im Alter noch das BOB verliehen. Die HZD bietet für Hovawarte ab dem achten Lebensjahr eine Verhaltensbeurteilung an. Der körperliche Entwicklungsstand, das Erscheinungsbild sowie die Reaktionen des Hundes in verschiedenen Testsituationen können den Besitzern wertvolle Hinweise auf den Zustand ihres Seniors geben.

Und im Hundesport? Gut geeignet für Ältere sind das Fährten und Obedience. Auch den 2000-Meter-Geländelauf im Turnierhundsport schafft ein gesunder Achtjähriger noch gut. Manche Hovawartvereine bieten Veteranentreffen mit Spaßparcours an.
Ob auf dem Hundeplatz oder zu Hause: Stellen Sie Ihrem Oldie altersgemäße Aufgaben. Die Zusammenarbeit mit dem gereiften Senior klappt oft wie im Schlaf.

Diese elf Jahre alte Zuchthündin genießt ihren Ruhestand.

Alma (hier 14 Jahre alt) und ihr Besitzer. Die beiden waren ein tolles Team und ergänzten sich perfekt. Auch bei der Mäusejagd!

JAGDGENOSSIN ALMA

Welchen praktischen Nutzen die immer feiner gewordene Kommunikation mit dem Hovi-Senior haben kann, erlebten wir mit unserer damals zehnjährigen Alma. Unsere Seniorin, die draußen nicht durch ausgeprägtes Wildinteresse auffiel, erwies sich als begnadete Mäusejägerin – im Haus! (Trotz seiner normalerweise nur mäßig ausgeprägten Jagdpassion ist der Hovawart eben ein instinktsicherer, nicht degenerierter Hund.)
Wir bewohnten mit den Hunden damals ein altes Fachwerkgebäude, in dem eine Mäuseplage herrschte. Immer fanden die Nager neue Schlupflöcher.
Eines Morgens ging mein Mann sehr früh mit den Hunden in die Küche, wo in einer Fensternische ein großer Vogelbauer stand, und staunte nicht schlecht: Neben dem eingeschüchterten Kanarienvogel saß eine dicke graue Hausmaus und labte sich an der Körnerstange! Spontan klatschte mein Mann in die Hände und schrie laut, die Maus sprang erschrocken aus dem Käfig über eine Eckbanklehne auf den Boden – und wurde blitzschnell von Alma gepackt und in Lichtgeschwindigkeit verschlungen! In den folgenden Wochen erbeutete sie in Zusammenarbeit mit meinem Mann auf diese Weise sieben Mäuse und wurde doppelt sorgfältig entwurmt.
Das Ritual vollzog sich immer gleich: Küche mit Alma im Schleichgang betreten, Maus im Vogelkäfig gesehen, Blickkontakt zu Alma aufgenommen, Startsignal per Nicken erteilt, in die Hände geklatscht. Die Maus flitzte los, Alma hechtete vorwärts, packte zu, die Maus war verspeist. Braver Hund! Und Alma strahlte über das ganze Hundegesicht. Diese Jagdschilderung mag barbarisch klingen, aber die Lebendfallen suchten die Nager leider nicht auf. Eine gewisse Bewunderung für diese archaisch anmutende, perfekt funktionierende Arbeitsteilung des Kerlschen Jagdteams kann ich nicht verleugnen, aber wir sind heilfroh, inzwischen in einem mäusefreien Domizil zu leben.

Fütterung und Gesundheit

Pflege und Ernährung

Die Fangpartie wird (je nach Veranlagung) weißer, manchmal das ganze Gesicht. Der Kopf wirkt kantiger. Gleichzeitig wird das Bindegewebe an Lidern und Lefzen schlaffer. Betagte Hovawarte fallen in den Flanken ein, die Hüfthöcker werden sichtbarer. Die unteren Schneidezähne zeigen Abnutzungserscheinungen und das Haarkleid verliert an Dichte und Glanz. Manche Senioren verweigern die Fellpflege. Dennoch muss man, besonders bei Kastraten, auf Verfilzungen achten.

Spätestens ab dem zehnten Lebensjahr Ihres Hovawarts sollten Sie auf Fertigfutter für Hundesenioren umsteigen. Wenn Sie barfen, müssen Sie prüfen, ob die Rationen noch bedarfsgerecht sind. Da Übergewicht Herz, Kreislauf und Gelenke belastet sowie Diabetes und Krebs fördern kann, ist es wichtig, den betagten Hovawart schlank zu halten. Ein Lightfutter hilft dabei. Ob Leber-, Nieren-, Bauchspeicheldrüsen-, Herz- oder Gelenkprobleme: Die Futtermittelhersteller haben Passendes im Programm. Selbstverständlich lässt sich auch über die Frischfütterung Einfluss auf chronische Erkrankungen nehmen. Egal, was Sie füttern: Mehrere kleine Mahlzeiten pro Tag belasten weniger als eine große. Hat Ihr Hovawart Rücken- oder Hinterhandprobleme, sollte sein Kot nicht zu hart sein.

Beweglichkeit lässt nach

Hinlegen und Aufstehen machen zunehmend Mühe. Viele alte Hunde laufen sich nach den ersten Schritten ein. Trotzdem sollten Sie die Lahmheitsursache abklären lassen. Auch eine Gangwerkanalyse beim Hundephysiotherapeuten ist sinnvoll. Die Neigung zu Bänderrissen verstärkt sich im Alter. Kastration und Übergewicht erhöhen das Risiko: Oft reißt durch die Fehlbelastung das

Band auch im anfangs gesunden Knie. Ein Teufelskreis: Je weniger der alte Hovawart bewegt wird, desto stärker bauen sich die Muskeln ab und desto mehr schont er sich. Krankengymnastik, insbesondere die Aquatherapie, fördert Genesung und Muskelaufbau. Das Auto-Ein- und -Aussteigen wird beschwerlich. Kann er nicht gehoben werden, helfen ein breites Brett oder eine professionelle Einstiegshilfe. Tragegurte erleichtern das Treppenlaufen. Pfotenschutzschuhe verhindern, dass sich der alte Hovawart die Zehen verletzt, falls er seine Hinterpfoten schleifen lässt oder gefühllos wie ein Teddy umknickt. Schmutzfangmatten beugen dem Rutschen auf Parkett, Laminat oder Fliesen vor. Jetzt sollten Sie auch dem genügsamsten Hovawart ein orthopädisches Hundebett zur Rückenentlastung gönnen. Stellt sich Inkontinenz ein, sind Windeln und kochfeste Unterlagen hilfreich. Bei Erkrankungen des Bewegungsapparates können Schmerzmittel lebensverlängernd wirken. Arthroseschmerzen lassen sich zudem durch Bestrahlungen reduzieren. Der Tellington-Touch®, eine Massagemethode, lindert Altersbeschwerden und tut der Seele gut. Die Homöopathie kann unterstützen, macht aber den Tierarzt nicht überflüssig. Fakt ist: Durch eine maßgeschneiderte, frühzeitige Behandlung bleibt Ihr Oldie länger mobil.

Typische Krankheitsanzeichen

Sie sollten mit ihm zum Tierarzt gehen, wenn Ihr Hovawart plötzlich viel trinkt und unter Übelkeit leidet. Vielleicht stecken **Niereninsuffizienz**, eine **Diabetes mellitus** oder eine **eitrige Gebärmutterentzündung (Pyometra)** dahinter, die oft zur Kastration führt. Ein Lahmen der Hinterhand kann eine **Wirbelkörper-, Nerven- oder Organerkrankung** anzeigen. Viele ältere Rüden bekommen **Prostatabeschwerden** und müssen kastriert werden. Husten, Atemgeräusche, ein veränderter Bellklang und nachlassende Leistungsfähigkeit weisen auf Wasser in der Lunge hin, eventuell verursacht durch eine **Herzinsuffizienz**. Möglicherweise stecken aber auch eine Gewebeveränderung in den Luftwegen oder eine **Larynxparalyse**, die ein- oder beidseitige Lähmung der Kehlkopfmuskulatur, dahinter. Frisst der Hund plötzlich schlecht, wirkt kränklich und riecht aus dem Fang, könnte ein vereiterter **Zahn** die Ursache sein.

Im Alter nimmt die **Tumorneigung** zu. Läuft die Nase chronisch, kann dies auf ein tumoröses Geschehen im Nasenbereich hinweisen. Tasten Sie regelmäßig das Gesäuge Ihrer Hündin ab. Knoten werden entweder einzeln operiert oder der Tierarzt entfernt die Milchleiste halb- oder beidseitig. Nicht alle Tumore sind bösartig oder bilden Metastasen aus. So mancher Knubbel ist nur eine verstopfte Talgdrüse, eine Entzündung nach einem Zeckenstich, eine Impfbeule oder ein eingekapselter Rosenstachel. Selbst, wenn der histologische Befund **»Krebs«** lautet, kann Ihrem Hovawart durch die rechtzeitige Behandlung noch eine beschwerdearme Zeit vergönnt sein, sofern Metastasen keine wichtigen Organfunktionen in Mitleidenschaft zogen. Bestrahlungen, Chemotherapie oder die Amputation des erkrankten Laufs bei Knochenkrebs verlängern das Leben mancher Patienten. Besprechen Sie aber offen mit dem Tierarzt, was Ihrem schwerkranken Hund noch zugemutet werden kann.

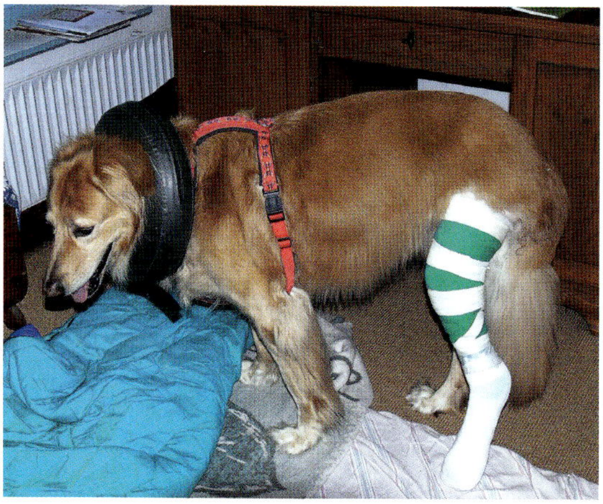

Bänderrisse sind bei älteren Hovawarten keine Seltenheit. Sie bedeuten wochenlangen Leinenzwang.

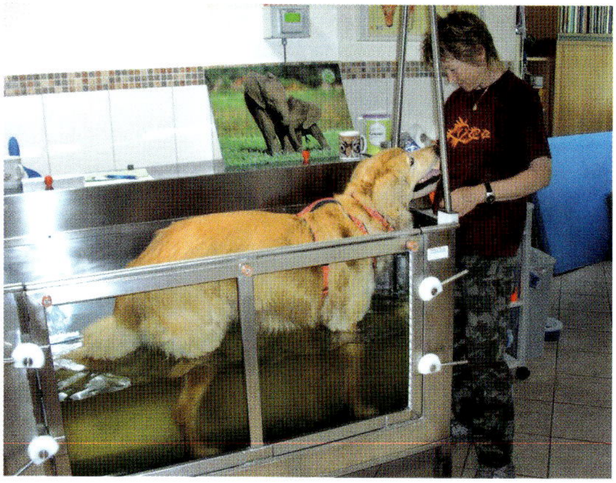

Die Physiotherapie hilft, die Lebensqualität betagter Hunde möglichst lange zu erhalten.

Eine schlanke Linie ist wichtig, besonders im Alter. Dieser achtjährige Rüde hat mit 50 Kilo zu viel auf den Rippen!

Kastrierten Hovawarten wie diesem elfjährigen Rüde kann viel Unterwolle wachsen. Die Gefahr der Verfilzung steigt.

Erholung nach der Gesäuge-OP. Nicht alle Mammatumore sind bösartig.

Nicht albern, sondern hilfreich: Ein Mantel schützt die alte Dame vor Wind, Kälte und Regen.

Alles okay mit den Nieren? Entwickelt der alte Hovawart Marotten, sollte der Tierarzt lieber die Ursachen klären.

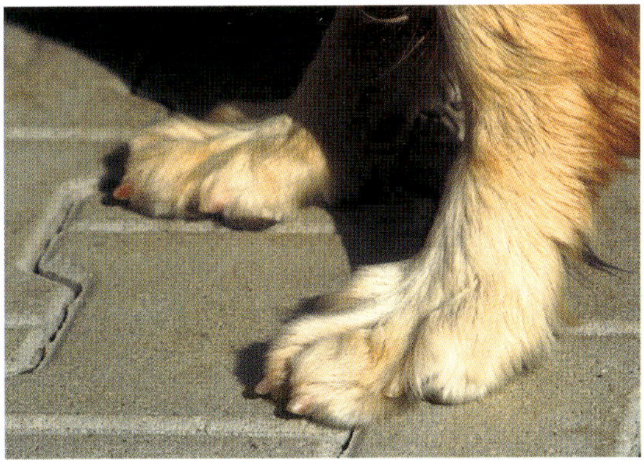

Durchgetretene Karpalgelenke bei einem elf Jahre alten Rüden. Ursache: vermutlich eine Bänderschwäche.

ALARMSIGNAL ATEMNOT

Es gibt Erkrankungen, die früher beim Hovawart kaum vorkamen, aber zuzunehmen scheinen – so mein subjektiver Eindruck. Dazu gehört die Kehlkopf- oder Stimmbandlähmung (Larynxparalyse). Eine ehemalige Welpenkäuferin berichtete uns, im Sommer sei ihr damals zehnjähriger Rüde sehr schlecht beieinander gewesen. Sein Tierarzt verschrieb ihm ein Medikament gegen Wasser in der Lunge. Im August wurde das Wetter schwül-heiß. Dem Rüden ging es immer schlechter. In der Tierklinik stellte man eine Stimmbandlähmung fest. Sofortige Operation!

Oft fallen bei dieser Erkrankung zuerst Atemprobleme bzw. ein starkes Hecheln auf, wenn sich der alte Hund körperlich betätigt. Bei hochsommerlichen Temperaturen können sich die Symptome bis hin zu Erstickungsanfällen steigern. Das Luftholen klingt fiepend oder röhrend, denn bei dieser Krankheit kann sich der Kehlkopf nicht genügend ausdehnen und die aufgenommene Atemluft verwirbelt sich in der Luftröhre. In Ruhe atmet der Hund wieder normal. Diese Atemberuhigung ohne Belastung führt oft dazu, dass erst einmal keine Tierarztpraxis aufgesucht wird. Vorsicht: Viele Tierärzte behandeln auf Zwingerhusten oder eben auf Wasser in der Lunge. Bei älteren Hunden könnte dies zwar ein Hinweis auf eine Herzinsuffizienz sein, doch in Sachen Kehlkopflähmung ist es die falsche Fährte.

»Mit deiner Stimme ist jedenfalls alles in Ordnung!« Klingt das Bellen des alten Hovawarts komisch oder ist er sehr kurzarmig, sollte man an eine Kehlkopflähmung denken.

Wird eine Kehlkopflähmung festgestellt, behandelt man die möglicherweise vorhandene Grunderkrankung (z.B. eine Schilddrüsenunterfunktion) mit Medikamenten. Oft ist wie bei dem besagten Rüden aber eine sofortige Operation nötig, um die eingeengte Kehlkopföffnung chirurgisch zu korrigieren und Erstickungsanfälle zu verhindern. Rechtzeitig operierte Patienten haben eine gute Prognose. Wir wünschen dem tapferen Schwarzmarkenen, dass er noch einige gesunde Jahre vor sich hat und die nächsten Sommer ganz entspannt durchatmen kann.

Nachlassende Sinnesleistungen

Das Gehör des alten Hovawarts kann nachlassen und zu vermeintlichem Ungehorsam führen. Jetzt zahlt sich aus, wenn Sie mit Sichtzeichen gearbeitet haben. Unerklärliches Anbellen, Schreckhaftigkeit oder Angst vor vertrauten Gegenständen und Personen könnten ihren Grund in einem alterstypisch erhöhten Cortisolspiegel und in schwindender Sehfähigkeit haben. Sollte der Hund etwa durch den Altersstar erblinden, kann ihm ein bereits vorhandener Artgenosse bei der Orientierung helfen. Auch Diabetes führt manchmal zum Sehverlust. Bei kompetenter Behandlung ist diese Stoffwechselerkrankung aber kein automatisches Todesurteil.

Der weise Hovawart

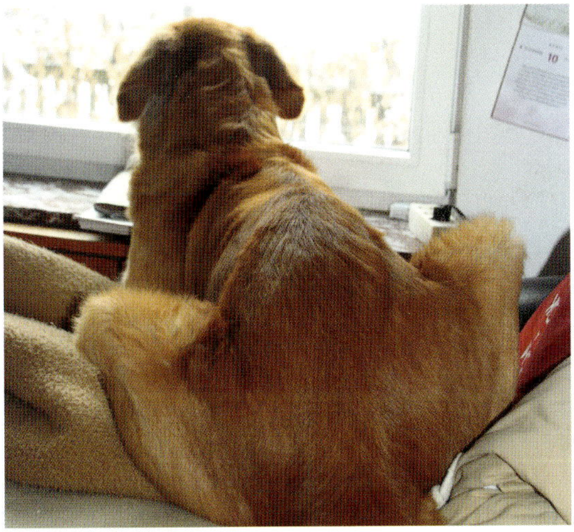

Auch wenn sich der alte Hovawart seine Kräfte einteilt, schätzt er die vertrauten Rituale. Wachen inklusive!

Na, wie wär`s? Sicher lässt sich der betagte Rüde (13) gleich auf ein Spiel ein

Er hört und sieht noch bestens. Ungehorsam kann aber auch durchaus organische Ursachen haben.

Den Oldie bei Laune halten

Ob durch Suchspiele im Haus und im Garten, Intelligenzspielzeuge oder ruhige Dummyarbeit – es gibt viele Möglichkeiten, sogar körperlich eingeschränkte Hovawarte aufzumuntern. Auch freundliche Sozialkontakte unterstützen das Immunsystem. Im Hundegehirn macht sich jedoch irgendwann der Abbau bemerkbar. Selbst Demenzerscheinungen mit Verwirrtheit, Unruhe, Vergesslichkeit und unangemessenen Reaktionen sind möglich. Durchblutungsfördernde Medikamente können das Befinden verbessern.

Viele alte Hovawarte äußern Freude und Entrüstung noch intensiver als früher. Viele schätzen Autofahrten, Ortswechsel und das Reisen nicht mehr. Die Hochbetagten wünschen sich die Einhaltung ihrer Tagesabläufe (Futter- und Gassizeiten) und ihrer vertrauten Rituale. Hovawartsenioren können hinreißend stur auf ihre vermeintlichen Rechte pochen. Jetzt heißt es: Rücksicht nehmen und öfter mal Fünfe gerade sein lassen.

Viele Hovawarte weichen ihren Menschen nicht von der Seite, besonders im Alter. Atlanta verfolgte mich wie ein blonder Schatten und blieb immer in meiner Nähe. Sah sie mich nicht mehr, wurde sie unruhig.

HEILIGE RITUALE

Viele Hovawartsenioren verfolgen ihre Menschen auf Schritt und Tritt durchs Haus. Unsere blonde Brenda begleitete mich auch zum Kleiderschrank und registriert genau, welche Art von Bekleidung ich heraus nahm. Waren es Stücke, die nach »Die-Hunde-müssen-leider-hierbleiben« aussahen, schaute mich die alte Dame verzweifelt aus den großen braunen Augen an und ließ traurig die Ohren hängen. Wo ich war, war sie auch. Ein Gang zur Toilette entsetzte sie. Am besten, ich blieb den ganzen Tag auf einer Stelle sitzen. Auch Atlanta folgte mir wie ein Schatten.

Unser schwarzmarkener Senior Remus kannte meine Schreibtischzeiten auswendig. Mit aufforderndem Blick stand der alte Herr morgens pünktlich mit den Pfoten auf der Treppe, um mich zum Arbeiten ins obere Stockwerk zu begleiten. Wenn ich nicht kam, wartete er eben. Er wollte sich davon selbst an Wochenenden und in meinem Urlaub nicht abbringen lassen. Eine blonde Hündin aus unserer Zucht stand im Alter jeden Abend auf der Schwelle zum Wohnzimmer und nötigte ihre Zweibeiner, gefälligst zur üblichen Zeit ins Bett zu gehen. Eyko, ein blonder Rüde, besteht darauf, dass ihm abends die Decke in seinem Korb auf bestimmte Art und Weise gerichtet wird. Vorher geht er nicht schlafen. Der 14-Jährige legt sich erst in den Garten, nachdem der Rasen frisch gemäht worden ist. Verhaltensauffälligkeiten im Alter haben aber manchmal eine körperliche Ursache. Bekam unser schwarzmarkener Rüde Durst, trank er nicht aus dem Napf wie früher, sondern stellte sich vor die Badewanne und starrte minutenlang den Hahn an. Es musste Wasser direkt aus der Brause sein. Der Rüde litt unter fortschreitender Niereninsuffizienz, wie sich bei einer Untersuchung herausstellte. Unsere alte Alma bestand ab dem 12. Lebensjahr stur darauf, zu ihrem liebsten Hundebett in die obere Etage begleitet zu werden, die Treppe mochte sie nicht mehr alleine gehen. Der Grund war eine bald darauf diagnostizierte Spondylose, die ihr auf der Treppe anscheinend Schmerzen bereitet und sie verunsichert hatte.

Gewissensfrage Zweithund

Sollte man einem alten Hund noch einen Welpen zur Seite stellen? Der Kleine würde vor Energie platzen. Sie müssten dem Betagten viel Ruhe verschaffen. Positiv ist ein körperlicher und mentaler Aufschwung, den Ihr Hundegreis durch den kleinen Wirbelwind erleben könnte. Der Zwerg wird vom Erfahrenen in die hundlichen Benimmregeln eingewiesen, was Ihnen dessen Erziehung enorm erleichtert. Ein »Mini-Stinkstiefel«, der sein Gegenüber ständig provoziert und wild über den Haufen rennt, kann einen geschwächten Hovawart aber zu viel Energie kosten. Außerdem braucht der Welpe reichlich Zuwendung. Wenn die Kräfte schwinden, hat der Althund Ihre Nähe vermutlich noch nötiger.

Langsam wird das vertraute Gesicht weiß, aber die wachen Augen funkeln immer noch wie früher.

Wilde Welpen können hochbetagte Hunde überfordern. Die Anschaffung ist nicht in jedem Fall empfehlenswert.

Der Abschied naht

Wenn seine Kraft schwindet, nützt kein Verdrängen des irgendwann Unabwendbaren mehr. Ihr Hovawart braucht Sie jetzt mehr als je zuvor.

Wenn die Kraft nachlässt

Irgendwann schafft es der alte Rüde nicht mehr, einen Kontrahenten zu beeindrucken, der sich »seiner« Hündin nähern will. Da das Beinheben schmerzt, pinkelt er in der Hocke wie ein Welpe. Das Bellen klingt rostig. Der ehemalige Athlet kommt kaum auf die Pfoten, wenn es schellt. Über den Verlust ihrer Stubenreinheit rümpfen viele Hovawarte selbst die Nase. Manchmal wendet Ihr Hund, je nach Erkrankung, am Napf angewidert den Kopf ab und Sie versuchen, ihn durch Köstlichkeiten zu überreden. In Ihrer Küche wird gekocht, was der Hund noch gerne frisst und verträgt. Gebratenes Huhn? Gekochte Pute? Gedünsteter Fisch? Auch wegen seiner Tabletten muss er fressen und ist doch schon so hager. Vielleicht knickt Ihr alter Hund immer öfter ein oder wirkt erschöpft und kurzatmig. Schließlich schafft er nur noch kurze Spaziergänge. Dann sind nur noch Gartenrunden möglich. Ein rücken- oder krebskranker Hund bleibt geistig rege bis zum Schluss. Das macht den Kräfteschwund noch trauriger.

Doch so leicht gibt ein Hovawart nicht auf! Manchmal geht es ihm richtig gut, dann gibt es einen Rückschritt. Der Tierarzt verordnet andere Medikamente, die eine Weile helfen. Ihr Hund berappelt sich, Sie schöpfen Hoffnung, doch dann greift auch diese Behandlung nicht mehr. Sein Blick wirkt entrückt, als schaue er in eine andere Welt. Er schläft mehr. Manchmal fiept er vielleicht leise. Der Tierarzt sagt Ihnen schonend, wie es um Ihren tapferen Gefährten steht. Der traurige Gedanken an den Abschied lässt sich nicht mehr verdrängen.

Quälende Ungewissheit

Die Unsicherheit über das Ende quält viele Besitzer. Es kann sein, dass Sie sich durch eine chronische Erkrankung Ihres vierbeinigen Freundes lange auf den Verlust vorbereiten konnten. Vielleicht stellen Sie aber auch eine akute Erkrankung oder ein Unfall vor vollendete Tatsachen. Manche Hundesenioren liegen sanft entschlafen in ihrem Korb oder hinter der Haustür, wenn sie alleingelassen wurden. Der Selbstvorwurf, den Hovawart im Stich gelassen zu haben, mischt sich dann in die Trauer. Verschieben Sie daher überflüssige Termine. Der Hund geht vor! Wenn er die Treppe nicht mehr laufen kann, schlafen Sie bei ihm in der unteren Etage. Ihre Nähe beruhigt ihn und Sie können reagieren, falls sich sein Zustand verschlechtert. Doch ihn zu früh einzuschläfern, wäre Mord. Es zu spät zu tun, wäre Tierquälerei. Wenn Sie Ihren todkranken Vierbeiner in der Phase des Übergangs begleiten können, seien Sie sicher: Er wird Sie zur richtigen Zeit eindeutig um das Loslassen bitten. Der Wunsch, sterben zu dürfen, ist der letzte Wille unseres geliebten Hundes. Er kann sich auf uns verlassen.

ADIEU, ALMA!

Was ist das Leben?
Es ist das Aufleuchten eines Glühwürmchens in der Nacht.
Es ist der Hauch eines Büffels im Winter.
Es ist der Schatten, der über das Gras huscht
und sich im Sonnenuntergang verliert.

Häuptling Crowfoot, kurz vor seinem Tod 1890

Unsere wunderbare Alma ertrug ihr Leiden mit großer Tapferkeit. Der würdevolle, sanfte Abschied unter unseren streichelnden Händen war für sie eine Erlösung.

Am Abend des 12. Augusts 2012, einem wunderschönen, sommerlichen Sonntag, ließen wir unsere Alma zum Quadrat bei uns zu Hause von den Nachwirkungen einer Gesäugetumor-OP erlösen. Nach dem erfolgreichen Eingriff, den wir angesichts ihrer erstaunlichen Fitness gewagt hatten, war sie durch die nötige, lange Schonung nicht mehr auf die Läufe gekommen. »Zwischen zu früh und zu spät liegt immer nur ein Augenblick«, schrieb Franz Werfel. Der richtige Zeitpunkt war gekommen, als das lange gut dämpfbare Leiden in Qual umzuschlagen drohte.
Ganz entspannt und ohne Angst, so schlief Alma unter unseren streichelnden Händen ein, nachdem sie uns deutlich um diesen allerletzten Gefallen gebeten hatte. Ihre beeindruckende Willensstärke reichte nicht mehr aus, um ihren Weg mit uns fortzusetzen. Sie schien ganz ruhig zu sagen: »Ich war sehr lange euer Gast, aber nun muss ich weiterreisen. Lasst mich den Hut vom Haken nehmen und öffnet mir die Tür.« Dieser Bitte hatten wir demütig nachzukommen – und ließen sie gehen. Ein Drama aus der eigenen Endlichkeit zu machen, das war einfach nicht Almas Ding. Sie ging wie eine Grande Dame voller Würde schon mal nach nebenan.
Wir sind auch heute nicht voller Schmerz, sondern voller Dankbarkeit für den langen, erfüllten Lebensweg unserer großartigen Alma, der sich in unserer Mitte vollendete. Wir erlebten einen friedvollen, sanften und »schönen« Abschied in Almas vertrauter Umgebung, der ihrem königlichen Wesen entsprach. Ein großes Geschenk des Schicksals und nicht selbstverständlich. Viele Freunde liebten Alma und nahmen rührend Anteil. Eine Hundefreundin nannte sie eine »alte Seele«. Diese Bezeichnung bezeichnet Wesen, die mehrfach wiedergeboren wurden und anders sind als andere. Über den Dingen stehend, weise und wissend. Das war sie! Wer ihren Vater Erebos von der Flue kannte, weiß, was ich mit »Erhabenheit« meine. Mit der Wiedergeburt haben wir es nicht so. Sicher ist, dass sich Alma mit einer neuen Existenz als Fadenwurm nicht zufrieden geben würde. In unseren Gedanken und in den Nachfahren aus drei Würfen bleibt sie unsterblich. Danke, Alma, dass wir 14 Jahre, zwei Monate und sechs Tage lang an Deiner Seite sein durften. Du warst eine der wenigen ganz, ganz Großen!
Deine Kerls mit Atlanta und Antonia

Auf dem letzten Weg

Wenn die Euthanasie zur Erlösung unumgänglich ist, bitten Sie Ihren Tierarzt um einen Hausbesuch, falls medizinisch nichts dagegen spricht. Die Praxis ist nämlich mit Schmerz, Stress und Angst verbunden. Viel schonender ist es, den pelzigen Freund auf seiner Lieblingsdecke in seiner vertrauten Umgebung sanft in den letzten Schlaf gleiten zu lassen, wobei er im Arm gehalten und mit dem Tierarzt eine möglichst entspannte Stimmung hergestellt wird.

Versuchen Sie, Ihre Tränen noch einen Moment aufzuhalten. Auch in seinen letzten Minuten soll sich Ihr Hund geborgen fühlen. Wenn Sie ihm vermitteln, alles sei gut, wird er seine Schmerzen loslassen und in Frieden gehen können. Der Zweithund wartet am besten im Garten, um den Todkranken vor dem Abschied nicht zu beunruhigen. Anschließend darf er sich von seinem verstorbenen Freund verabschieden.

Das würdevolle Danach

Trotz der inneren Leere müssen Sie eine weitere Entscheidung treffen: Was soll mit Ihrem verstorbenen Hund geschehen? Die Beisetzung von Haustieren ist, anders als in der Schweiz, in Deutschland auf dem eigenen Grundstück in vielen Kommunen unter bestimmten Bedingungen erlaubt. Dafür ist in der Schweiz die Urnenbestattung nach der Einäscherung üblicher. Der Tierarzt kennt auch in Deutschland pietätvolle Unternehmen.

Einen würdevollen Abschied erlauben auch Tierfriedhöfe, die oft von Tierschutzvereinen betrieben werden. Noch naturnäher sind Bestattungen in Fried- oder Abschiedswäldern für Haustiere, die es in mehreren deutschen Bundesländern gibt. Die Grabpflege wird der Natur überlassen. Für die Verarbeitung des Verlustes ist es auf jeden Fall ratsam, den geliebten Hovawart nach der Euthanasie nicht den schrecklichen Vorgängen in einer Tierkörperbeseitigungsanstalt auszuliefern. Er hat eine würdige Ruhestätte verdient.

CYRANO UND DIE WILDGÄNSE

Das Leben ist eine Reise, die heimwärts geht.
Herman Melville (1819-1891)

Den blonden Cyrano, ein Sohn unserer Brenda, bekamen wir im Alter von acht Jahren zurück. Kurz zuvor hatte uns ein dramatischer Anruf erreicht: Der Rüde sei soeben von Rettungskräften am Bett seines verstorbenen Frauchens gefunden worden. Als die Feuerwehr ein Fenster aufbrach, hatte er keinen Ton gesagt und einfach nur geschockt am Totenbett gesessen. Ob wir ihn als seine Züchter abholen könnten? Wir konnten und muteten dem schwer traumatisierten Cyrano kein neues Drama zu: Er durfte bei uns bleiben. Alma und Atlanta, unsere damaligen Hündinnen, brachten ihn schnell auf andere Gedanken. Er hatte noch schöne Jahre bei uns und hing rührend an meinem Mann, der ihn damals abgeholt und in seinen Augen wohl gerettet hatte.
An einem 13. März, zweieinhalb Jahre später, wurde unser lieber Gast von unserer Tierärztin bei uns zu Hause erlöst, weil der kürzlich festgestellte Knochenkrebs in seinem rechten Vorderlauf ihm plötzlich unerträgliche Schmerzen bereitete, die wir durch Medikamente nicht mehr in den Griff bekamen. Unsere Hovawartdamen konnten sich vom verstorbenen Cyrano verabschieden. Sie taten nach einem kurzen Abschnüffeln so, als schliefe er einfach nur friedlich auf seiner Decke. Doch Hunde können so pietätlos sein! Alma stand sofort wieder strahlend in der ersten Reihe, legte sich »kalt lächelnd« auf Cyranos Liegeplätze und leckte scheppernd seinen (leeren) Napf aus, als wollte sie sagen: »So, den hätten wir raus befördert. Jetzt müssen wir hier alles nur noch durch zwei teilen.« Als trauernde Hundehalter mussten wir angesichts dieser knallhart wirkenden Reaktion ganz schön schlucken. Lanta war einen Tag lang immerhin ziemlich nachdenklich für ihre Verhältnisse. Jetzt wirkte sie verblüffend ausgeglichen. Ihr wilder Tobepartner war nicht mehr greifbar und sie akzeptierte diese unfreiwillige Lageberuhigung, ohne zu murren. Ich glaube, auf unsere Hündinnen

Nach dem Tod seiner Besitzerin hatten wir Cyrano (rechts) übernommen. Der blonde Riese verbrachte bei uns noch schöne Jahre. Seine Beerdigung hatte magische Momente.

hatte Cyrano wie ein Besuchshund gewirkt, der nicht mehr abgeholt worden war. Ein netter Gesellschafter, ein geschätzter, wenn auch kastrierter Kavalier während der Läufigkeit, aber in Sachen Aufmerksamkeit ihrer Zweibeiner doch ein Konkurrent.
Hunde halten nichts von Anstand und Moral. Sie sehen die Dinge ziemlich nüchtern. Vielleicht mussten wir einfach dankbar sein, dass Alma und Atlanta weder die Nahrungsaufnahme einstellten noch den Lebensmut verloren, sondern uns stoisch vermitteln, was schon Fußballtrainer Dragoslav Stepanović wusste: » Lebbe geht weider«.

Bei Cyranos Beerdigung in unserem großen Garten geschah dann etwas Unglaubliches: Genau im Moment unseres stillen Gedenkens flogen aus einer grauen Wolke hinter uns ganz tief ca. 90 Wildgänse in einem perfekten »V« genau über sein Grab hinweg, als wollten sie seine Seele mitnehmen. Als wir wenig später immer noch ungläubig über diese Magie des Augenblicks den Kopf schüttelten und etwas Erde in sein Grab geben wollten, erklang das melancholische Rufen noch einmal, aber lauter: Diesmal kamen rund 200 Wildgänse in einer weichen Perlenkettenformation genau über sein Grab geflogen und zogen wieder quer über unser Grundstück zum Horizont. Wir bekamen den Mund nicht wieder zu. In einem Drehbuch wäre diese Szene gestrichen worden: als zu kitschig.

Wir pflanzten eine Sommerlinde an sein Grab und denken bei ihrem Anblick oft an diesen besonderen Abschied. Gute Reise mit den Wildgänsen, lieber Cyrano!

Das letzte Bild einer über 13 Jahre alten Hündin. Die Trauer über den Verlust können Hundefreunde am besten nachvollziehen. Unsere Brenda wurde liebevoll zu Hause von uns verabschiedet.

Heilsame Trauerarbeit

Die Leine am Haken oder Hundehaare auf dem Teppich reißen das Herz fast in Stücke. Das Öffnen der Fenster zum symbolischen Freigeben der Seele, Räucherrituale oder das Anzünden einer Kerze helfen beim Verarbeiten. Vielleicht haben Sie den Eindruck, Ihr verstorbener Hovawart grüße Sie durch einen Sonnenuntergang, einen Regenbogen oder einen Schmetterling. Im tiefen Schmerz tröstet Sie hoffentlich auch Ihr Züchter. Falls vorhanden, können Sie in der Vereinszeitschrift den Lebensweg Ihres Hundes nachzeichnen. Das hilft bei der Bewältigung. Haustierlose Mitmenschen meinen, wir Hundefreunde könnten uns doch schnell einen neuen Welpen anschaffen. Nur Sie wissen, ob und wann Sie wieder an einen Nachfolger denken können.

Der Zweite wird Erster

Wenn auch nur ein Argument für die Mehrhundehaltung spricht, dann ist es der Trost, den jetzt der gewohnte Hundealltag spendet. Dabei ist die neue Situation für den verbliebenen Hund nicht leicht, muss er doch seinen Status neu definieren. Doch manche ewigen Zweithunde blühen jetzt sogar auf. Wenn ein Nachfolger einzieht, stellen sich die Weichen neu. Sofern es ein Hovawartwelpe ist, bringt er Ihnen zurück, was Sie an der Rasse lieben. Schon die Züchtersuche tut gut, denn Sie verspüren Vorfreude und schauen wieder nach vorne. Wenn Sie sich Kontinuität wünschen, bleiben Sie dem Züchter, der Linie, dem Geschlecht und der Farbe Ihres verstorbenen Hundes treu. Folgt der Welpe auf einen Senior, wird er Ihnen sehr wild erscheinen. Doch das Hundekind hat lustige Einfälle und symbolisiert den hoffnungsvollen Neubeginn. Die Tränen der Trauer weichen Lachtränen. Aber vielleicht ist Ihr nächster Hund auch ein erwachsener Hovawart aus einer Notvermittlung? Wie dem auch sei: Geben Sie ihm ebenso viel Platz in Ihrem Herzen wie seinem Vorgänger. Freuen Sie sich auf die gemeinsamen Jahre und genießen Sie jeden Lebensabschnitt. Für Ihren gemeinsamen Weg alles erdenklich Gute!

Wohin geht unser Weg nach Jahrzehnten mit Hovawarten? Eine kleinere, leichtführigere Rasse hätte sicher einige Vorteile. Aber ein solcher Hund wäre eben kein Hovi.

EINMAL HOVI, IMMER HOVI?

Zugegeben: Hovawarte sind vor allem in der langen Jugendphase oft sehr anstrengend.
Da braucht man reichlich Kraft, Nerven und (Galgen)humor. Sollte man deshalb eines Tages die Rasse wechseln und sich einen kleineres Hund zulegen, der eine weniger intensive Art hat? Eine Frage, die ich mir selber stelle. Ich fragte schon viele ehemalige Hovawartbesitzer, wie zufrieden sie mit ihrer pelzigen Alternative sind. Einhellige Antwort: »Der Neue ist wirklich handlicher und oft auch unkomplizierter. Aber er ist eben kein Hovi!« Solche Gespräche endeten teilweise mit Tränen am Telefon und einem geschluchzten Gruß an unsere Hovawarte.
Mein Mann und ich verbringen schon weit mehr als die Hälfte unseres Lebens mit diesen Vierbeinern. Seit wir volljährig sind, waren wir nur drei Monate ohne eigenem Hovawart. Meist waren es zwei oder drei. Für uns gilt quasi die Formel »Hund = Hovawart«. Sie prägten uns mit all ihren Stärken und Schwächen. Ich kenne viele nette, kleine Hunde, eintauschen würde ich meine Hovis trotz der anstrengenden Phasen nicht. Im Alter werden wir lieber ganz auf die Hundehaltung verzichten und uns lächelnd und seufzend an unsere vielen, vielen Abenteuer mit diesen einzigartigen Hunden erinnern.

Rassestandard Hovawart

Im Frühjahr 2019 wurde ein neuer Rassestandard verabschiedet, der beim Druck dieses Buches aber noch nicht in Kraft war. Die momentan gültige Fassung finden Sie auf der FCI-Homepage www.fci.be/de/.

FCI-Rassestandard Nr. 190 (12.01.1998)
Ursprung: Deutschland
Verwendung: Gebrauchshund
Klassifikation FCI:

Gruppe 2	Pinscher und Schnauzer – Molossoide – Schweizer Sennenhunde.
Sektion 2.2	Molossoide, Berghunde. Mit Arbeitsprüfung.

Kurzer geschichtlicher Abriss

Der Hovawart ist eine sehr alte deutsche Gebrauchshunderasse. Der Name stammt aus dem Mittelhochdeutschen: Hova = der Hof und wart = der Wächter. Seit 1922 wurde diese Rasse unter Verwendung von typmäßig ähnlichen Hunden, die man auf Bauernhöfen noch vorfand, neu herausgezüchtet. Außerdem wurden Einkreuzungen von Deutschen Schäferhunden, Neufundländern, Leonberger und weiteren Hunderassen in den ersten Jahren der Zucht vorgenommen. Durch starke Selektionsmaßnahmen wurde der ursprüngliche Gebrauchshundetyp wieder erreicht.

Im Ursprungsland wird auf den Gesundheitszustand des Hovawarts sehr großer Wert gelegt. Insbesondere ist die Hüftgelenksdysplasie durch jahrzehntelange Selektion auf HD-freie Tiere bis auf wenige Prozent zurückgedrängt worden. Es wird erwartet, dass diese Bemühungen in allen Hovawart-Zuchtvereinen Nachahmung finden.

Allgemeines Erscheinungsbild

Der Hovawart ist ein kraftvoller, mittelgroßer, leicht gestreckter, langhaariger Gebrauchshund. Die Geschlechtsunterschiede sind vor allem an Kopfform und Körperbau deutlich erkennbar.

Wichtige Maßverhältnisse

Die Rumpflänge beträgt ca. 110 bis 115 Prozent der Widerristhöhe.

Verhalten und Charakter

Der Hovawart ist ein anerkannter Gebrauchshund zu vielseitiger Verwendung. Von der Veranlagung her ausgeglichen und gutartig, besitzt er Schutztrieb, Selbstsicherheit und Belastbarkeit, mittleres Temperament und eine sehr gute Nasenveranlagung. Seine harmonisch abgestimmten körperlichen Verhältnisse und eine besondere Bindung an seine Familie machen ihn insbesondere zu einem hervorragenden Begleit-, Wach-, Schutz-, Rettungs- und Fährtenhund.

Er ruht in sich. Ausgeglichen, gutartig, belastbar und selbstsicher, so soll ein Hovawart sein.

Kopf

Der Nasenrücken ist gerade und bildet eine Parallele zum Oberkopf. Fang und Schädel sind etwa gleich lang. Die Kopfhaut liegt straff an.

Oberkopf

Schädel: Der kräftige Kopf hat eine breite, gewölbte Stirn.
Stop: Gut erkennbar.

Gesichtsschädel

Nase: Nasenlöcher gut ausgebildet. Bei schwarzmarkenen und schwarzen Hunden ist die Pigmentierung schwarz; Pigmentierung bei blonden Hunden: schwarz, Wechselnase zulässig.
Fang: Kräftig; sowohl von der Seite als auch von oben gesehen verjüngt er sich wenig.
Lefzen: Sie liegen gut an.
Zähne/Gebiss: Der Hovawart hat ein vollständiges, kräf-

tiges Scherengebiss mit 42 Zähnen gemäß der Zahnformel. Die Zähne stehen senkrecht im Kiefer. Zangengebiss ist zulässig.
Augen: Die Augen sind oval, weder hervortretend noch tiefliegend. Ihre Farbe ist dunkel- bis mittelbraun. Die Augenlider liegen dicht an.
Ohren: Die locker anliegenden dreieckigen Hängeohren sind hoch und weit auseinanderliegend angesetzt, den Oberkopf optisch verbreiternd, und reichen in ihrer Länge bis mindestens zum Lefzenwinkel. Ihre Spitze ist leicht abgerundet. In der Ruhestellung liegen sie flach an, bei Aufmerksamkeit können sie etwas nach vorne gerichtet getragen werden. Die Vorderkante liegt etwa auf der Mitte zwischen Auge und Hinterhauptbein.

Blonde Hovawarte dürfen, so wie dieser Rüde, eine sogenannte Wechselnase haben.

Hals

Der kräftige Hals ist mittellang, und die Kehlhaut liegt straff an.

Körper

Rücken: Der Rücken ist gerade und fest.
Lenden: Die Lende ist kräftig und etwas länger als die Kruppe.
Kruppe: Die Kruppe ist leicht abfallend und mittellang.
Brust: Die Brust ist breit, tief und kräftig.

Rute

Die buschig behaarte Rute reicht bis unterhalb des Sprunggelenkes, aber nicht bis zum Boden. Sie wird je nach Stimmungslage des Hundes über den Rücken hochgeschwungen oder gesenkt getragen.

Gliedmaßen

Vorderhand: Die Vorderläufe sind kräftig und, von vorne und von der Seite gesehen, gerade und senkrecht gestellt.
Schultern: Sehr gut bemuskelt. Das Schulterblatt ist lang und gut schräg zurückliegend.
Oberarm: Lang, eng am Körper anliegend.
Ellenbogen: Sie liegen am Brustkorb an.
Vorderfußwurzelgelenk: Kräftig.
Vordermittelfuß: Mäßig schräg gestellt.

Hinterhand
Die Hinterläufe sind kräftig und, von hinten gesehen, senkrecht gestellt. Die Hinterhand ist gut gewinkelt.
Ober- und Unterschenkel: Sehr gut bemuskelt.
Sprunggelenk: Kräftig, tiefstehend.

Pfoten: Die Pfoten sind rundlich, kräftig und kompakt. Die Zehen sind gewölbt und eng aneinander liegend. Afterkrallen sind zu entfernen, ausgenommen in den Ländern, in denen solches durch gesetzliche Bestimmungen verboten ist.
Die Zehennägel bei schwarzmarkenen und schwarzen Hunden sind schwarz pigmentiert.
Die Zehennägel bei blonden Hunden können weniger pigmentiert sein.

Gangwerk

Der Hovawart bewegt sich in allen Gangarten von vorne und hinten gesehen geradlinig und raumgreifend. Der Trab ist weit ausgreifend mit gutem Schub aus der Hinterhand.

Hovawarte bewegen sich kraftvoll und elegant. Erwünscht ist wie bei diesem jungen Rüden ein guter Schub aus der Hinterhand.

Haut

Die Haut ist insgesamt straff anliegend. Bei schwarzmarkenen und schwarzen Hunden hat sie einen bläulichen Schimmer, bei blonden einen meist rosa Schimmer.

Haarkleid

Haar: Das kräftige Langhaar ist leicht gewellt und anliegend, mit wenig Unterwolle. Es ist länger an der Brust, am Bauch, der Rückseite der Vorderläufe, an der Rückseite der Oberschenkel und der Rute. Am Kopf, an der Vorderseite der Vorderläufe und der Vorderseite der Hinterläufe ist das Haar kurz. Das Haarkleid ist geschlossen.

Farbe: Den Hovawart gibt es in drei Farbschlägen: schwarzmarken, schwarz und blond.

Schwarzmarken: Das Haarkleid ist schwarz und glänzend, die Farbe der Markenzeichnung mittelblond. Am Kopf beginnt die Zeichnung unterhalb des Nasenrückens und reicht um die Lefzenwinkel herum bis in die Kehlmarke. Die punktförmigen Abzeichen über den Augen sind deutlich sichtbar. Die Brustmarke besteht aus zwei nebeneinanderliegenden Flecken, die miteinander verbunden sein können. An den Vorderläufen reichen die Marken, von der Seite gesehen, von den Zehen bis etwa zum Vordermittelfuß und laufen auf der Hinterseite in Höhe der Ellenbogen aus. An den Hinterläufen ist, von der Seite gesehen, die Markenzeichnung unterhalb des Sprunggelenkes als breiter Streifen, oberhalb des Sprunggelenkes nur noch als schmaler Streifen sichtbar, der auf der Vorderseite der Hinterläufe bis in die Höhe der Bauchdecke reicht. Auch unterhalb des Rutenansatzes ist eine Markenzeichnung vorhanden. Die Zeichnung ist in allen Bereichen klar abgegrenzt. Einzelne kleine weiße Flecken an der Brust sowie einzelne weiße Haare an Zehen und Rutenspitze sind zulässig. Die Pigmentierung an Lidern, Lefzen und Ballen ist schwarz.

Schwarz: Das Haarkleid ist schwarz und glänzend. Einzelne kleine weiße Flecken an der Brust sowie einzelne weiße Haare an Zehen und Rutenspitze sind zulässig. Die Pigmentierung an Lidern, Lefzen und Ballen ist schwarz.

Blond: Das Haarkleid ist mittelblond, glänzend und wird zum Bauch hin sowie an den Läufen heller. Einzelne kleine weiße Flecken an der Brust sowie einzelne weiße Haare an Zehen und Rutenspitze sind zulässig. Die Pigmentierung an Lidern, Lefzen und Ballen ist schwarz.

Zwei vorzüglich pigmentierte Junghunde im erwünschten Mittelblond.

Größe

Widerristhöhe: Rüde 63 bis 70 cm
Hündin 58 bis 65 cm

Fehler

Jede Abweichung von den vorgenannten Punkten muss als Fehler angesehen werden, dessen Bewertung in genauem Verhältnis zum Grad der Abweichung stehen sollte, und dessen Einfluss auf die Gesundheit und das Wohlbefinden des Hundes zu beachten ist.

Ausschließende Fehler

Allgemeines Erscheinungsbild:
- Im Phänotyp dem Rassenbild nicht entsprechende Hunde.
- Stark rüdenhafte Hündinnen.
- Stark hündinnenhafte Rüden.

Proportionen:
- Stark abweichende Körperproportionen.

Verhalten und Charakter:
- Aggressive, ängstliche, schussscheue oder lethargische Hunde.

Kopf:
- Fehlender Stop.
- Blaues Auge oder Birkauge.
- Steh-, Kipp-, Rosenohren oder abstehende Ohren.
- Vorbiss, Rückbiss, Kreuzbiss.
- Fehlen von mehr als zwei Zähnen von den vier PM1 und den zwei M3, oder Fehlen eines anderen Zahnes.

Hals
- Ausgeprägte Wamme oder viel lose Kehlhaut.

Körper
- Starker Senkrücken oder stark aufgezogener Rücken.
- Schmale oder tonnenförmige Brust.
- Rutenanomalien, stark verkürzte Rute, ausgeprägte Ringelrute.

Gliedmaßen
- Stark überhöhte Hinterhand.

Beschaffenheit des Haarkleides
- Überwiegend gelocktes Haarkleid (Ringellocken).

Farbe des Haarkleides

Allgemeines
- Farben, die im Standard nicht beschrieben sind, z.B.blaugrau, wildfarben, braun, weiß, gescheckt, blond mit rußigem Anflug oder überwiegend mehrzoniges Haar.
- Weiße Flecken. Einzelne weiße Haare an der Innerseite der Oberschenkel führen nicht zum Zuchtausschluss.

Schwarzmarken ohne Fehl und Tadel: Dieser Jungrüde hat eine komplette, klare Markenzeichnung.

Wunderschöner schwarzer Jungrüde, der dem Standardideal sehr nahe kommt.

Ein glänzendes, schwarzes Haarkleid und flammende Marken bei einer rassetypischen Zuchthündin.

Schwarzmarkene Junghündin mit markantem Kopf.

Schwarzmarkene Hunde

- Graue oder braune Flecken außerhalb der Markenzeichnung.
- Überwiegend andersfarbige als schwarze Unterwolle.
- Überwiegend graue oder weißliche Markenzeichnung.

Schwarze Hunde

- Graue oder braune Flecken.
- Überwiegend andersfarbige als schwarze Unterwolle.

Blonde Hunde

- Einzelne weiße Haare auf dem Nasenrücken führen nicht zum Zuchtausschluss.
- Durchgehend rotblonde Farbe ohne Aufhellung.
- Farbe weißlich-blond, ebenso an den Ohren.
- Deutlich weiße Markenzeichnung.
- Dunkle Flecken oder dunkle Maske.

Größe:

- Untergröße.
- Übergröße von mehr als 3 cm.

Hovawarte sind Rassehunde ohne bedenkliche Exterieur-Übertreibungen und immer robuste Naturburschen geblieben.

Hunde, die deutlich physische Abnormalitäten oder Verhaltensstörungen aufweisen, müssen disqualifiziert werden.

N.B.: Rüden müssen zwei offensichtlich normal entwickelte Hoden aufweisen, die sich vollständig im Hodensack befinden.

Adressen

Hovawartzuchtvereine (FCI)

Hovawart-Club e.V. (HC)
www.hovawart-club.de

Hovawart-Zuchtgemeinschaft Deutschland e.V. (HZD)
www.hovawarte.com

Österreichischer Klub der Hovawartfreunde (ÖKH)
www.hovawart.club

Rassezuchtverein für Hovawart-Hunde e.V. (RZV)
www.hovawart.org

Schweizerischer Hovawart-Club e. V. (SHC)
www.hovawart.ch

Vereinszeitschriften

Die Publikationen der Rassezuchtvereine geben Interessenten gute Einblicke in die Philosophie und züchterische Ausrichtung des jeweiligen Clubs. Bei einer Vereinsmitgliedschaft ist der Bezugspreis im Jahresbeitrag enthalten. Die Hefte können aber in der Regel auch von Nicht-Mitgliedern abonniert werden.

- HOVI-extra (HC)
- Hovawart live (HZD)
- Hovi-News (ÖKH)
- Der Hovawart (RZV)
- Hovawart-Info (SHC)

Rund um die Rasse

www.hovawarte-in-not.de
Steckbriefe heimatloser Vierbeiner

www.hovawart-portal.de
VDH naher Internettreffpunkt für Hovawartbegeisterte

www.hovawart-stammzucht.de
Hovawart-Stammzucht Interessengemeinschaft e.V. (HST) Zucht in der Nachfolge Kurt F. Königs; kein VDH-/FCI-Mitglied

www.ihf.hovawart.org
Internationale Hovawart-Föderation (IHF)

HOVAWART-Verein für Deutsche Schutzhunde e.V.
http://thale.hovawarte.com/
(Homepage im Neuaufbau) Verein zur Förderung der Erforschung von Herkunft, Entwicklung und Wesensart des Hovawarts

Ausbildung und Erziehung

www.hundeschulen.de
Berufsverband der Hundeerzieher/innen und Verhaltensberater/innen e.V. (BHV)

www.working-dog.com
Zuchtlinien mit Ahnentafeln, Fotos, Hundesport-, Schau- und Körvideos

www.dhv-hundesport.de
Deutscher Hundesportverband e.V.

www.dvg-hundesport.de
Deutscher Verband der Gebrauchshundsportvereine e.V.

www.swhv.de
Südwestdeutscher Hundesportverband e.V.

Gesundheit und Ernährung

www.collegium-cardiologicum.de
Gesellschaft zur Qualitätssicherung kardiologischer Zuchttauglichkeitsuntersuchungen in der Tiermedizin e.V.

DM-Netzwerk
Anlaufstelle für Besitzer von Hovawarten mit Verdacht auf Degenerative Myelopathie. Infos und Ansprechpartner auf den Homepages aller VDH-Hovawartzuchtvereine

www.dok-vet.de
Gesellschaft für Diagnostik genetisch bedingter Augenerkrankungen (DOK, Dortmunder Kreis) e.V.

www.drei-hunde-nacht.de
Informationen rund um die Rohfütterung

www.esccap.de
European Scientific Counsel Companion Animal Parasites, Sektion Deutschland. Unabhängige Vereinigung von Veterinärparasitologen

www.gkf-bonn.de
Gesellschaft zur Förderung kynologischer Forschung e.V.

www.grsk.org
Gesellschaft für Röntgendiagnostik genetisch beeinflusster Skeletterkrankungen bei Kleintieren e.V.

www.r-eysel.de
Privatinitiative, die die Erforschung von Erbkrankheiten unterstützt

www.tierklinik-hofheim.de
Große Kleintierklinik mit den Spezialgebieten Strahlentherapie und Kleintieronkologie in Hessen

www.tierklinik-kaiserberg.de
Tierärztliche Klinik für Kleintiere am Kaiserberg (Duisburg), viel Erfahrung u.a. mit Kehlkopf-Operationen

www.uni-giessen.de/fbz/fb10/institute_klinikum/klinikum/kgga
Universitätstierklinik für Geburtshilfe, Gynäkologie und Andrologie mit tierärztlicher Ambulanz in Gießen (Hessen)

https://tierernaehrung-kroeger.de/
Tierärztliche Ernährungsberatung im Institut für Tierernährung, FU Berlin

www.vdh.de/ueber-den-vdh/akademie/
Angebot wissenschaftlich fundierter Seminare zu Gesundheit, Hundehaltung und -zucht

www.vierbeiner-rehazentrum.de
Spezialeinrichtung für Tierphysiotherapie in Bad Wildungen (Hessen)

Zum Weiterlesen

Bloch, Günther: Die Pizza-Hunde, Kosmos Verlag, 2007

Bloch Günter/Elli H. Radinger: Wölfisch für Hundehalter, Kosmos Verlag, 2010

Gansloßer, Udo: Verhaltensbiologie für Hundehalter, Kosmos Verlag, 2007

Gansloßer, Udo/Krivy, Petra: Verhaltensbiologie für Hundehalter: Das Praxis-Buch, Kosmos Verlag, 2011

Hense, Marla: Der hyperaktive Hund, Animal Learn Verlag, 2010

Rütter, Martin: Angst bei Hunden, Kosmos Verlag, 2008

Strodtbeck, Sophie/Gansloßer, Udo: Kastration und Verhalten beim Hund, Müller Rüschlikon Verlag, 2011

Danke!

Diese überarbeitete Neuauflage verdanke ich der tatkräftigen Unterstützung zahlreicher Mitstreiter. Einen großen Anteil daran hatten Claudia König, Lektorat, sowie Kornelia Erlewein, grafik+design.

Eine unschätzbare Hilfe waren die vielen engagierten Hovawartfreunde im In- und Ausland, die mich unermüdlich mit wichtigen Informationen und wunderschönen Fotos versorgten. Stellvertretend geht mein Dank an Rita Breves, Iris Doktor, Marna Fromm, Birgit und Gerhard Heeß, Birgit Heine, Rita Horisberger, Gabi Hühn, Erich Krüger, Roswitha Rotter, Diana und Jörg Siebert sowie an Barbara Zierott-Simon.

Allen, die mir bei unzähligen Erziehungsberatungen und Gesprächen Einblick in ihren Hovawartalltag gewährten, danke ich für Offenheit und Vertrauen. Ihre Erfahrungen flossen in den Text ein. Ein großes Dankeschön an Dr. Jens Kerl und Prof. Dr. med. vet. Hans Wunderlichs für den langjährigen Gedankenaustausch. Den »Hundefrauen« Marita Bell, Marlies Esser, Bärbel Hartan, Dr. Ingetraud Herbertz, Karin Hoßfeld, Helga Kramer, Holli Krohn, Claudia Langsdorf, Petra Lindrum, Perdita Lübbe-Scheuermann, Sabine Potyka und Andrea Schilling 1000 Dank für die inspirierende Begleitung (nicht nur) der Bucharbeiten.

Asla, Remus, Brenda, Alma, Cyrano, Atlanta, Antonia, Banja und Angy: Ihr Hovawarte brachtet mir alles Wesentliche bei! Meine vierbeinige Lehrmeisterin derzeit: Ida vom Schnutetunker (blond).